Introduction to Design Science

デザイン科学概論

多空間デザインモデルの理論と実践

松岡由幸　監修
加藤健郎　編著
佐藤弘喜
佐藤浩一郎

慶應義塾大学出版会

■
はじめに
■

本書の狙い

　本書は，デザイン科学における初めての教科書的出版物です。

　20世紀までの学問体系が縦割りであったことへの批判として，現在，横断型科学の必要性が強く問われています。デザイン（設計）という行為そのものを研究対象とするデザイン科学は，その代表的な学問領域です。

　しかしながら，デザイン科学の基盤構築には幾多の課題がありました。たとえば，デザイン行為は，人々や社会のさまざまな潜在的・顕在的ニーズを物質的なモノや情報システムなどのコトに写像する行為です。そのため，デザイン科学は，人文科学や社会科学の問題を自然科学の問題に変換するという，まさに文理にまたがる学問領域になります。このことは，今でもデザイン科学を構築するうえでの難解さの主要因になっています。さらに，人はなぜ未知で多様なデザイン解（デザインされたモノやコト）を導けるのか。この創造の根源的なメカニズムについても，これまで，デザイン科学における大問題でありました。

　筆者らを含むデザイン科学領域の研究者たちは，これらの問題に対して，さまざまな領域の知の統合を図ることで，少しずつデザイン行為を紐解くことに成功し，デザイン科学の基盤構築を進めてきたのです。それらの成果は，すでに幾多の人工物や人工システムの開発に応用され，その効果を示しています。また，得られた知見は，国内外の多くの論文としても報告され，世界的にも注目されはじめています。しかし，いまだ入門書的な概要を記した書籍はなく，このような背景を受けて本書は刊行されました。

　本書では，デザイン科学の枠組みとその代表的な理論である「多空間デザインモデル」に注目しています。また，その理論をデザイン（設計）の実践に応用した事例を多く紹介することにより，実務に応用しやすいようにわかりやすく解説しました。デザイナーや設計者などの実務に携わる方々はもとより，デザイン・設計領域の研究者，教育者，さらには学生など，多くの方々に読んでいただければ幸いです。

本書の構成

本書は，以下の 3 部で構成されます。

≪第 1 部　デザイン科学と多空間デザインモデル≫

第 1 部では，デザイン科学と多空間デザインモデルを概説します。デザイン科学では，分析・発想・評価による「デザイン思考モデル」，新たなアイデアを生み出す「創発デザイン」と既存のアイデアを極める「最適デザイン」を解説しています。また，それらの知を統合して生まれた多空間デザインモデルでは，その理論を実務に応用するための「M メソッド」も含め，その意義や使用法について述べています。

≪第 2 部　多空間デザインモデルの応用領域≫

第 2 部では，多空間デザインモデルの応用事例を紹介します。応用事例の領域は，プロダクトデザイン，システムデザイン，ソフトウェアデザインなどさまざまです。さらには，研究，教育への応用事例も紹介します。第 2 部では，これらを通じて，多空間デザインモデルの理論と実践の関係性について理解を進めていきます。

≪第 3 部　M メソッドを用いたデザイン事例集≫

第 3 部では，多空間デザインモデルの応用手法である M メソッドについて，その適用事例集を紹介します。前半には，発想をおもな狙いとした「M-BAR」，後半には，分析・評価をおもな狙いとした「M-QFD」について，オフィス機器，福祉機器，生産システムなどの多彩な事例を紹介します。これらの応用事例を通じて，M メソッドのつかい方や多空間デザインモデルの有効性を実感していただければ幸いです。

デザイン塾（謝辞）

本書に記載した内容には，「デザイン塾」（主宰：松岡由幸，ホームページ：http://www.designjuku.jp）におけるさまざまな議論を通じて得られた多くの知見が含まれています。デザイン塾は，企業における現場のデザイナーや設計者，デザイン・設計領域の研究者・教育者など，さまざまなデザイン・設計にかかわる関係者が集う場です。本書の刊行にあたり，関係者，参加者の皆様に，ここに改めて感謝の意を表します。

2017 年 11 月　　　　　　　　　　　　　　　　監修　松岡由幸

■
Contents
■

はじめに

〔松岡由幸〕

第 1 部
デザイン科学と多空間デザインモデル

第 1 章　デザイン科学の文脈　2
〔加藤健郎〕

第 2 章　デザイン思考のモデル　14
〔加藤健郎〕

第 3 章　創発デザインと最適デザイン　23
〔佐藤浩一郎〕

第 4 章　多空間デザインモデル　33
〔佐藤浩一郎〕

第 5 章　多空間デザインモデルを応用する M メソッド　43
〔加藤健郎〕
5.1 節　多空間デザインモデルに基づく発想法（M-BAR）　46
〔高野修治〕
5.2 節　多空間デザインモデルに基づく分析・評価法（M-QFD）　54
〔堀内茂浩・加藤健郎〕

第2部
多空間デザインモデルの応用領域

第1章　プロダクトデザイン　68
〔佐藤弘喜〕

第2章　システムのデザイン　82
〔西村秀和〕

第3章　ソフトウェアのデザイン　96
〔大槻繁〕

第4章　機械システムのデザイン　108
〔森田寿郎〕

第5章　サイネージのデザイン　120
〔小木哲朗〕

第6章　座り心地のデザイン　129
〔平尾章成〕

第7章　宇宙科学探査ミッションのデザイン　143
〔石上玄也〕

第8章　デザインの研究　149
〔佐藤浩一郎〕

第9章　デザインの教育　161
〔増田耕・佐々木良隆・林章弘・松岡由幸〕

第3部
M メソッドを用いたデザイン事例集

【M-BAR の事例】

第1章　オフィス機器のデザイン　174
〔浅沼尚・松岡慧〕

第2章　アイウェアのデザイン　181
〔浅沼尚・松岡慧〕

第3章　プロダクトデザイン教育　188
〔伊豆裕一〕

【M-QFD の事例】

第4章　福祉機器のデザイン　195
〔松野史幸・加藤健郎・松岡由幸〕

第5章　生産システムのデザイン　202
〔三輪俊晴〕

第6章　自動車部品のモジュラーデザイン　212
〔星野洋二・加藤健郎〕

索　　引　219

著者紹介　222

第 **1** 部

デザイン科学と多空間デザインモデル

第1章
デザイン科学の文脈

1.1　デザインの歴史とデザイン科学

1.1.1　工業デザインと工学設計の分業化

　有史以来，素朴な人工物においては，それを必要とする人自身によりつくられてきたという意味で，人工物をつくる人とつかう人は同一であった。しかし，中世の手工芸の発展に伴いつくる人（職人）がつかう人から独立し，近代の大量生産のための機械化や人工物の大規模・複雑化を経て，その役割も細分化されていった[1]。デザインの代表的な分類として，**工業デザイン**（industrial design）と**工学設計**（engineering design）があげられる。これら2つのデザインの分業化のきっかけとなった出来事は，18世紀に興った産業革命とされている。

　産業革命により，モノづくりにおける機械化が推進され，生産性が飛躍的に高まった。その結果，多くの製品が大量生産され，人々の生活は物質的に豊かになったものの，それらの多くは，美しさに欠ける粗悪なものであった（図1.1）。これに異を唱えたのが，ラスキン（John Ruskin）であり，その思想を受け継いだモリス（William Morris）は，**アーツアンドクラフツ運動**[*1]（arts and crafts movement）を主導した。これにより，中世の手工芸が再評価され，人工物に芸術的な観点から意匠が施されるようになった。

　その結果，人工物のデザインは，芸術に視座を置き，使用者や使用環境と人工物との関係性に注目する工業デザインと，自然科学や工学に視座を置き，おもに機能や人工物の性能に注目する工学設計に分業化されたのである。

[*1]　1880年代に興ったデザイン運動であり，大量生産された粗悪な日用品を批判し，中世の手工芸による美しい日用品や生活空間をデザインし供給することを目指した。

図 1.1 アーツアンドクラフツ運動時代のジャカード織り風景
[『Design Science』丸善出版より許諾を得て転載]

1.1.2 工業デザインと工学設計の発展

20世紀には，工業デザインと工学設計が独自の発展を遂げ，それぞれの専門化が進められた。

工業デザインは，ドイツの教育機関，**バウハウス**（Bauhaus）の誕生により大きく進展した。バウハウスとは，1919年に建築家グロピウス（Walter Adolph Georg Gropius）によってドイツのヴァイマルに設立された美術学校（図1.2左）であり，ナチスにより1933年に閉校されるまで，抽象画のカンディンスキー（Vassily Kandinsky）やクレー（Paul Klee），色彩論のイッテン（Johannes Itten），建築のファン・デル・ローエ（Ludwig Mies van der Rohe）などの巨匠が教壇に立ち，新たなデザインの研究と教育が精力的に行なわれた。研究面では工業生産技術のデザインへの導入，教育面では基礎（形態）教育と実技教育を分離したカリキュラム（図1.2右）のもと，のちのデザイン実務，方法，および教育に多大な影響を残し，その専門性が高められた[1]。

その後，バウハウスの教育理念は，**ウルム造形大学**（Hochschule für gestaltung Ulm）に継承された。当時（1950年代）の生産活動が工業生産に傾向していたこともあり，自然科学や工学に視座を置く工学設計が主として扱うような分野の教育も行なわれ，工業デザインと工学設計の距離はせばまった。このころのウルム造形大学における両デザインの協働については，次項で詳述する。

工学設計は，戦乱の時代に誕生した**システム工学**（systems engineering）[*2]により大きく進展した。システム工学の起源は，1940年代のベル研究所（図1.3左）

図 1.2 バウハウス（デッサウ校校舎）とそのカリキュラム
[左：『10 + 1』No.17，INAX 出版，1999 より，右：『Design Science』丸善出版より，それぞれ許諾を得て転載]

にあるとされている[2]。その後，1943 年に米国国防研究委員会がベル研究所とともに，同分野の委員会を立ち上げ，1950 年にはマサチューセッツ工科大学で，ベル研究所の講師によるシステム工学に関する教育がはじまっている。そして，1950 年代から 1960 年代にかけて軍用や宇宙関連の大規模なシステム開発プロジェクト（図 1.3 右）のマネジメントのために，構造解析や最適化の手法が数多く開発された。これらの手法の多くは工学設計に応用され，現在でも多くのデザイン実務に活用されている。

1.1.3 工業デザインと工学設計の協働

ウルム造形大学は，1953 年にドイツのウルムに設立された造形教育のための大学である。同大学は，1968 年に閉校されるまで数多くの画期的なデザイン（図 1.4 左）を創出したことに加えて，そのカリキュラムは，多くの国々のデザイン教育の基礎となったといわれている[3]。1950 年代末のウルム造形大学の斬新な教育モデルは「ウルムのモデル」とよばれ，デザイナーのより謙虚な自覚の育成を目標としていた。これは，技術の発展に伴うデザイン対象の複雑化により，デザイナーへの要求が，芸術家としての能力から，研究者，技術者，販売者などとのチームワークのなかで活動する能力へと変化したためである。これにより，産業界はウルム造形大学に信頼を寄せるようになり，ハンブルグの地下鉄車両（図

[*2] 本書では，第 2 部第 2 章で述べる INCOSE により体系化されたシステムズエンジニアリングと差別化するため，Systems engineering を 2 種類の和訳で表記している。

図 1.3 ベル研究所とアポロ 8 号の管制室
［左：Wikipedia「ベル研究所」より引用．右：『Design Science』丸善出版より許諾を得て転載］

図 1.4 椅子と地下鉄車両
［左：WEBO online store (http://www.webo-kobe.com/items/furniture/chair/ulm/maxbill.html) より，右：『現代デザインの水脈』武蔵野美術大学，p.82 より，それぞれ許諾を得て転載］

1.4 右) のような大きなプロジェクトを任せるようになり，ウルム造形大学はこれまでの造形よりも諸科学を偏重するようになったといわれている．

このころのウルム造形大学のカリキュラムは，物理学や芸術の文化史などの伝統的なトピックスだけでなく，知覚心理学，エルゴノミクス，社会心理学，社会学，経済学，政治学，文化人類学，記号論，情報とコミュニケーション論などに至るまで，デザインを説明するための幅広いトピックスを包含していた[4]．さらに，1958 年に数学者のリッテル (Horst Rittel) が加わり，オペレーションズリサーチ，数学的決定論，ゲーム理論，システム分析，計画手法など，工学設計で

おもに扱うようなトピックも数多く導入された。このころに，デザインに関する研究の目標が，デザイン行為の解説や説明から，デザインに対する「科学的」および客観的な方法へとシフトした[5]とされており，その流れが，本書のテーマであるデザイン科学において重要な第1回国際デザイン方法に関する会議につながっていくことになる。同会議の主催者であるムーア（Gary T. Moore）は「ウルム造形大学において，思想と教育活動における中心を求めて起こった，建築と工業デザインにおける新しい方法へ向けての運動が，ジョーンズ（John Christopher Jones）やアーチャー（Leonard Bruce Archer）ほかによって，イギリスで強力な後押しを受け，1962年の第1回国際デザイン方法会議に統合された」[5,6]と述べている。

1.1.4　デザイン方法に関する会議の開催とデザイン科学の芽生え

1962年の第1回デザイン方法に関する会議（Conference on Systematic and Intuitive Methods in Engineering, Industrial Design, Architecture and Communication）では，プロダクトだけでなく，建築，生産技術，美術，心理学など多様なジャンルに関するデザイン方法が提示された。同会議は，その序文に「デザインに関する問題を解くためのシステマティックな方法を探り確立することに関心をもっている」[5]とあるように，デザイン問題を解くためのシステマティックなプロセスをおもな対象としていた。

デザイン方法に関する会議から生じたこのようなシステマティックな方法や方法論の流れは，サイモン（Herbert A. Simon）による1969年の『システムの科学』[7]の出版により絶頂を迎えることになる。この1960年代をデザイン科学の10年（design science decade）と称して歓迎したのが，宇宙船地球号[*3]（spaceship earth）の概念で有名な思想家・建築家のフラー（Buckminster Fuller）である。科学技術推進論者でもある彼は，科学，技術，合理主義に基づくデザイン科学の革命（design science revolution）により，これまで政治学や経済学が解決できなかったヒトと環境の問題（世界の資源の公平な分配と戦争の排除[8]）が解決される[9]と予言した。フラーが意図したデザイン科学革命は，「専門分野を超えた総合的かつ広範的な研究に基づくデザイン」[8]という壮大な概念であったが，ここで初

[*3] 宇宙船地球号という言葉は，地球資源の適切な使用を説くために，地球を「宇宙を航海する船」にたとえた表現である。

めて用いられた「デザイン科学」という語句は，のちにデザイン方法の研究者により1960年代のシステマティックなデザイン方法に結び付けられ，デザインの研究分野を表わす重要な語句として用いられていくことになる。その変遷については次節で詳述する。

　しかし，システマティックなデザイン方法や方法論は，1970年代に，この分野の先駆者であり上述した会議の講演者でもあるアレグザンダー（Christopher Alexander）やジョーンズを含む研究者により否定されることとなる[10,11]。そのひとりのリッテルは，「大きな社会システムに関するデザインを実践するなかで，デザインに関心をもつ個人や組織や共同体などがかかわる場面においては，アシモウやサイモンが提唱したトップダウン的手法による問題解決は指針にならない」ことを示した[4]。リッテルは，トップダウン的手法が対応できるデザイン問題とそうでない問題を，明確に定式化できる「おとなしい問題（tame problem）」と，うまく定義できない「意地悪な問題（wicked problem）」にそれぞれ区別し，特徴を明確化している[12]。そして，後者の問題に対応するために，デザイナーがおもにファシリテーターの立場をとり，ステークホルダーが自ら行なうデザインを推奨した[4]。リッテルは，自らが推奨したデザイン方法を「第2世代」とよび，それ以前のシステマティックな「第1世代」の方法と区別している[10]。その後，デザイナーの直感や思いつきなどを包含することで，よりデザイナーの実務に則した「第3世代」のデザイン方法が現われ，工業デザイン分野に受け入れられた。このように，デザイン方法を「世代」という言葉で分類したことは，前の世代を否定することなくすべての世代における手法の発展に寄与し[11]，それらが混ざり合って現在のデザイン活動につながった[12]とされている。すなわち，現存のデザイン手法は，各世代の概念に基づく手法が混在したものであり，デザイン問題に対する多様なアプローチを提供できるものの，それらを適切に使用するための枠組みはない。このことは，後述するデザイン科学の必要性にも関連するが，デザイン方法に関する記述はこの程度にとどめて，デザイン科学の定義・枠組みと必要性について以下に述べることとする。

1.2 デザイン科学の定義・枠組みと必要性

1.2.1 デザイン科学の定義

　前節で述べたように，デザイン科学という用語を初めて用いたのはフラーであり，それを当時（1960 年代）のシステマティックなデザイン方法に関する研究の文脈に合わせて用いたのが，1965 年にバーミンガムで開催されたデザイン理論に関するシンポジウム（Symposium on Design Theory）を主導したグレゴリー（Sydney A. Gregory）である [13]。グレゴリーは，同会議についてまとめた書籍のなかで「デザイン科学は，デザインプロセスとそれを構成する行程に関する知識の研究・調査・蓄積を扱うもの」[14] と述べている。つまり，グレゴリーは，デザインプロセスに対する科学的なアプローチ（すなわち当時盛んに行なわれていたシステマティックなデザイン方法の研究）に，デザイン科学という語句を当てはめたといえる。その後のデザイン方法の発展も相まって，現在までに多くの研究者によって**デザイン科学**（**design science**）の定義に関する議論が行なわれてきた。1970 年代には，ハンセン（Fiedrich Hansen）が，デザイン科学の目標を「デザイン行為における法則の認識と規則の構築」と位置づけた [15]。1980 年代には，フブカ（Vladimir Hubka）とエダー（Wolfgang Ernst Eder）が，デザイン科学をハンセンよりも広い概念でとらえ，「デザイン領域における知識の集合やデザイン方法論の概念なども含むもの」と位置づけた [16]。1990 年代には，クロス（Nigel Cross）が，デザイン科学を「デザイン対象に対して組織化・合理化されたシステマティックなアプローチ」と表現し，科学的知識の活用にとどまらない科学的行為としてデザインをとらえた。さらに，クロスは，**デザイン学**（**science of design**）についても言及し，デザイン科学との相違を明確にした。クロスは，ガスパルスキー（Wojciech Gasparski）とストザレッキー（Andrzej Strzalecki）らによるデザイン学の定義（「デザインを興味の対象として有するさまざまな学問領域の集合体」[17]）をもとに，デザイン学を「科学的な探求手法を通じてデザインに関するわれわれの理解を改善しようとする一連の研究」[13] としている。これらの定義から，デザイン科学が，システマティックなデザイン方法を基にデザインにおける実践の体系性を大切にする一方で，デザイン学がデザインにおけるさまざまな学究的な関心やそれらの展望，用語，妥当性の基準を示そうとするものであることがわかる。

以上の背景に基づいて，2000年代には，松岡が，自らの主宰するデザイン塾において，デザイン科学を「デザイン行為における法則性の解明およびデザイン行為に用いられる知識の体系化を目指す学問」と表現し，（デザインにかかわるあらゆる事象の科学的な解明を目指す）デザイン学の中核をなすものと位置づけた[1]（図1.5）。さらに，松岡は，**デザイン科学の枠組み**（framework for design science）も提案している。松岡によるデザイン科学の枠組みは，フブカとエダーにより包含された**デザイン知識**（design knowledge）と，クロスにより言明された科学的な行為としての**デザイン行為**（designing）の2つから構成される（図1.6）。ここで，デザイン知識は，デザインにおける色彩や形態などに関する科学的知識のような**客観的知識**（objective knowledge）と，デザイナー個人の経験知やそれに基

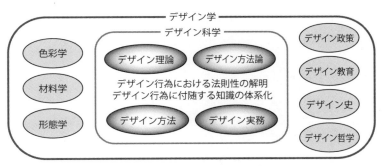

図1.5　デザイン科学とデザイン学

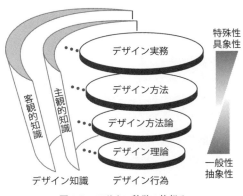

図1.6　デザイン科学の枠組み

づくノウハウのようなデザインの進め方に関する**主観的知識**（subjective know-ledge）からなる。一方で，デザイン知識に基づいて行なわれるデザイン行為は4つの階層からなる。1つ目は，プロダクトデザイン，建築デザイン，工学設計など，多様なデザイン分野における具体的な実践を意味する**デザイン実務**（design practice）である。2つ目は，デザイン上の目的を効果的・効率的に達成するためのさまざまな方法を意味する**デザイン方法**（design method）である。3つ目は，デザイン方法の特徴分析やそれに基づくデザイン方法の選択指針の構築など，複数のデザイン方法を体系的に扱うための方法論を意味する**デザイン方法論**（design methodology）である。4つ目は，デザイン行為を説明する法則やモデルなど，デザイン上の目的をもたず，純粋にデザイン行為を表現するための理論を意味する**デザイン理論**（design theory）である。デザイン行為の4階層においては，上位の階層になるほど特殊性・具体性が増していき，対象に依存する特徴がある。反対に，下位の階層になるほど一般性・抽象性が増していき，対象に依存しない特徴がある。

1.2.2　デザイン科学の必要性

　前節では，工業デザインと工学設計の歴史を用いてデザインの専門化・細分化について述べた。このことは，今日の物質的に豊かな社会の実現につながったものの，情報を共有し協調的にデザインすることを困難にしたともいえる。こうした専門化・細分化の流れはデザイン以外の学問分野においても同様であり，大規模事故や大量廃棄などの社会問題に対して，さまざまな分野の研究者や実務者が連携して取り組むことが難しくなってきている。さらに，物質的に豊かな社会は，消費者の価値観をモノの充足から心の充足へと変化させたため，高機能・多機能化ではなく，新しい価値や経験を創出する製品開発が求められるようになってきている。

　このような課題を解決するためには，専門化・細分化されたデザイン分野の巧みな連携による知の統合が必要であり，その動きが進みつつある。たとえば，工業デザイン分野と工学設計分野を統合した学会（連合）や会議として，国際的には，2000年に The Design Society が，2005年に世界のデザイン系学会の連合である IASDR（The International Association of Societies of Design Research）がそれぞれ設立されている。国内では，2004年からデザインに関する6学会（人工知能学会，精密工学会，日本機械学会，日本建築学会，日本設計工学会，日本デザイン学

会）共催の Design シンポジウムが隔年で開催されている。しかし，芸術と工学という異なる専門分野を基点として発展してきた工業デザインと工学設計は，それぞれが扱う対象，デザイン展開におけるアプローチ，デザインプロセスなど，さまざまな面で異なるため，2つのデザイン分野の統合はあまり進んでいないのが現状である。すなわち，これらの統合のためには，両者の特徴を包含し，包括的な観点から2つのデザインを扱うことのできる新たな基盤が必要といえる。

　さらに，近年の**人工知能**（artificial intelligence；AI）に関する技術の著しい発展により，今後のデザインのあり方についての議論が起こっている。その1つに，人間が行なっていた（人間しか行なえなかった）発想を伴うデザイン行為を，機械（AI）が担う可能性があげられる。その理由として，膨大な情報（ビッグデータ）がネットワーク上に蓄積され，AI が利用可能な状態になりつつあることがある。ネットワーク上の情報の量は，Web2.0 [*4] の概念が台頭してきた2000年代以降増大しつづけており，独国の**インダストリー4.0**（industry 4.0）や米国の**インダストリアルインターネット**（industrial internet）などによる**インターネットオブシングス**（internet of things；IoT）の技術の発展と相まって，さらに加速をつづけると予想されている。このようなビッグデータを AI が利用することで，人間がおもに担ってきたデザインにおける発想を，AI の発想が凌駕する可能性が懸念されるのである。以下に，次章で詳述するデザイナーの3つの思考（発想，分析，評価）を用いてデザインにおける AI の可能性について述べる。

　デザインにおける**発想**（generation）の多くはアナロジー（類比・類推）によるものといわれている。このような発想を行なうには，参考となる情報が多いほど有利であるため，これまでは多くの情報を有する（知識の豊富な）デザイナーが担ってきた。しかし，上述したビッグデータは，一個人に扱えるものではないため，それを利用できる AI が，デザイナーに代わり多様な発想を効率的に（すばやく）行なう時代が到来する可能性は十分にあると考えられる。一方で，デザインにおける**分析**（analysis）や**評価**（evaluation）については，人間に分があると考えられる。これは，芸術家の研ぎ澄まされた感性に基づく表現や，侘・寂などの伝統的な美意識をどのように，文化，歴史，宗教，および個人的経験など，人

[*4] HTML などのウェブの知識がない人でも（ブログや SNS などにより）手軽にネットワーク上に情報を発信できるようなウェブの利用状態のこと。

間が有するコンテクストに基づく意味づけ（分析）や価値判断（評価）を AI が適切に行なうことが（今の時点では）難しいためである。この理由として，AI が「感覚器を含む身体をもたないこと」や「死なないこと」などが考えられ，突き詰めると AI が「心をもてるのか」のような議論に至るが，本書の趣旨と異なるため割愛する。

このように，今後デザイン分野において台頭してくる AI と協調することはデザインにおいて大きな変革であり，それに備えるためには，専門化・細分化されたデザイン過程やデザイン領域の統合によりデザインの知見を結集する必要があり，前述した歴史的背景と同様に，新たな基盤が必要といえる。

デザイン科学は，上述したデザインおよびその知見の統合における基盤となる可能性を秘めており，今後ますます注目される学問といえる。本書では，同学問における以下の先端的な試みについてわかりやすく紹介する。

第 1 部第 4 章で説明する**多空間デザインモデル**（multispace design model）は，デザイン科学の枠組み（図 1.6）の最下層に位置するデザイン理論に関するモデルである。同モデルは，価値（ユーザー価値，企業価値，社会価値など），意味（デザイン対象の機能やイメージなど），状態（場に依存するデザイン対象の物理特性など），属性（デザイン対象の物理特性）の 4 つの空間を用いて，デザイナーの思考を定義するため，工業デザインと工学設計の両分野のデザイン行為を表現することができる。

第 1 部第 5 章で説明する **M メソッド**（**M method**）は，多空間デザインモデルを用いたデザイン方法論であり，5.1 節と 5.2 節で説明する発想法と分析法は，同方法論に包含されるデザイン方法である。

（加藤健郎）

参考文献

1) 松岡由幸編：デザインサイエンス―未来創造の"六つ"の視点―，丸善出版（2008）［Matsuoka, Y., ed.: *Design Science — "six viewpoints" for the creation of future*, Maruzen, 2010］

2) Buede, D.M.: *The Engineering Design of Systems: Models and Methods*, Wiley, (2009)

3) 現代デザインの水脈，武蔵野美術大学出版（1989）

4) クラウス・クリッペンドルフ（小林明世他訳）：意味論的転回，星雲社（2009）［Krippendorff, K.: *The Semantic Turn: A New Foundation for Design*, CRC Press Taylor & Francis（2006）］

5) 吉田武夫：デザイン方法論の試み，東海大学出版部（1996）

6) Moore G.T., ed.: *Emerging Methods in Environmental Design and Planning*, The MIT Press（1970）

7) ハーバート・サイモン（稲葉元吉，吉原英樹訳）：システムの科学 第3版，パーソナルメディア (1999)〔Simon, H.A.: *The Science of the Artificial*, The MIT Press (1996)〕

8) ジェイ・ボールドウィン：バックミンスターフラーの世界，美術出版社 (2001)

9) Fuller, R.B.: *Utopia or Oblivion: The Prospects for Humanity*, Bantam Books (1999)

10) Cross, N.: The coming of post-industrial design, *Design Studies* 2, Issue 1, 3 (1981)

11) Cross, N.: Forty years of design research, *Design Studies* 28, Issue 1, 1 (2007)

12) 石田亨編：デザイン学概論，共立出版 (2016)

13) Cross, N.: *Designerly ways of knowing*, Springer-Verlag (2006)

14) S.A. グレゴリー編（寺田秀夫訳）：設計の方法，彰国社 (1974)〔Gregory, ed.: *The design method*, Springer (1966)

15) Hansen F.: *Konstruktionswissenschaft*, Verl Technik (1974)

16) Hubka V., Eder W. E.: *Design Science*, Springer-Verlag (1996)

17) Gasparski, W., Strzalecki, A.: Contributions to Design Science: praxeological perspective Design Methods and Theories, *Journal of the DMG* 24, No 2, 1186 (1990)

第2章
デザイン思考のモデル

2.1 デザインの難しさ

　デザインは，原因から結果を導く**順問題**（forward problem）ではなく，結果から原因を導く**逆問題**（inverse problem）を扱う行為であるため，難しいとされている[1]。他の逆問題の例として，患者の症状（結果）から病気（原因）を推測する診断や，事件現場（結果）から犯人（原因）を推測する推理などがあげられる（図2.1）。デザインもこれらと同様の行為であり，課題・目的・目標などの**デザイン問題**（design problem）から，それらを解決または達成するための方策・方法・手段などの**デザイン解**（design solution）を導くことはもとより，デザイン問題自体を探す（問題発掘）場合もある。椅子のデザインを例に説明すると，座り心地のよいこと（結果）を達成するための椅子（原因）を制作することは逆問題にあたる。

　第１部第１章で述べたデザイン科学における初期の研究者のひとりであるサイモンは，デザインを自然科学と比較し，その論理展開の特殊性について言及している。サイモンによると，自然科学は「事物がどうなっているか」を扱うのに対し，デザインは「事物がどうあるべきか」を扱うものであり，前者には一般的な

図2.1　逆推論の例

論理体系に基づく推論が有効であるものの，後者にはそれ以外の特殊な推論が必要になるとしている[2]。

ここでは，逆問題に対応するためにデザイナーが行なう思考である**デザイン思考**（design thinking）について，これまでの研究の変遷を含めて述べる。

2.2 デザイン思考

2.2.1 デザイン思考の概念

近年よく耳にする「デザイン思考」という言葉は，ケリー（David Kelly）により創設された米国パロアルトにある IDEO というデザインスタジオが発祥であり，2005 年に『*Business Week*』誌が "design thinking" と題した特集号を発行したことで一般に広く知られるようになったといわれている[3]。その後，ケリーは，スタンフォード大学のハッソ・プラットナー・デザイン研究所（d.school）の創設を支援し，ビジネスだけでなく教育にも貢献した。現在，世界各国の多くの大学・大学院で「デザイン思考」に関する教育が行なわれており，それぞれのコンセプトやアプローチは異なる。d.school では，以下の 5 つの段階を循環的に進めていくプロセスが推奨されている[4]。①共感（emphasize：意味あるイノベーションを起こすにはユーザーを理解し，彼らの生活に関心をもつ必要がある），②問題定義（definition：正しい問題設定こそが，正しい解決策を生み出す），③創造（ideate：可能性を最大限に広げる），④プロトタイプ（prototype：考えるためにつくり，学ぶために試す），⑤テスト（test：自分の解決策とユーザーについて学ぶ）。

デザイン科学の分野におけるデザイン思考という言葉は，上述した「デザイン思考」のように，「問題を解決するアイデアを生み，形にする」ためのプロセス（実践）を意味するだけではなく，デザインにかかわる発見，創造，および問題解決などのための思考のメカニズムという意味でも用いられる。デザインのための思考について，古くはサイモンが言及している。サイモンは，『システムの科学』のなかで，デザイン行為を，「代替案（デザイン案）の（評価と）選択」と「代替案の探索」に大別し，前者に用いられる**論理的な推論**[*1] と，後者に用いられる**非論理的な推論**[*2] について言及している。ロウ（Peter G. Rowe）の『デザインの思考過程』[5] は，デザイン思考という言葉が用いられた初期の書籍であり，建築デザイン・都市計画の事例を中心に，問題解決のためのデザイナーの思考過

第 2 章 デザイン思考のモデル　　15

程について述べられている。

本書では，2000年代に流行した「デザイン思考」ではなく，上述したサイモンやロウのように，デザインにかかわる思考のメカニズムという意味で，デザイン思考をとらえることとする。

2.2.2 発明・発見のための思考

つかう人とつくる人が一緒であった有史以来のモノづくりも含んで考えると，デザイン思考は，これまで人類が成し遂げたさまざまな発明や発見に関する思考（推論）に遡って考えることができる。

アリストテレス（Aristotle）やプラトン（Plato）は，人が行なうさまざまな推論について述べている。そのなかで，論証力の強い**演繹**（deduction）[*3]と**帰納**（induction）[*4]は，1890年代前半までは論理学における推論の基本として用いられてきた。演繹とは，前提条件と規則から結論を導くものであり，たとえば，「ソクラテスは人である（前提条件）」と「すべての人は死ぬ（規則）」から「ソクラテスは死ぬ（結論）」を導出する推論である。帰納とは，前提条件とその結論の多数の組合せから規則を導出する推論である[6]。たとえば，「人であるソクラテス（前提条件）は死んだ（結論）」や「人であるプラトン（前提条件）は死んだ（結論）」などから「人は死ぬ（規則）」を導出する推論である。前者が必然的であり論証力が強いのに対し，後者は経験的（蓋然的）であるため論証力がやや弱い。

パース（Charles Sanders Peirce）は，それまでの推論の概念を拡張し，帰納よりも論証力の弱い**仮説形成**（abduction）[*5]を加えた推論の概念を提案した[7]。仮説形成とは，結論[*6]と規則を用いて，結論を説明できる前提条件を導くものである[6]。たとえば，「ソクラテスは死んだ（結論）」と「ヒトは死ぬ（規則）」から，「ソクラテスはヒトである（前提条件）」を導出する推論である。パースは，

[*1] 代替案の選択においては，効用理論や統計的決定理論などによりデザインの評価方法（合理的な選択方法）を定義したうえで，それを満たすか否かについて評価する（論理的な推論を行なう）。

[*2] 代替案の探索においては，不確実な仮定をいくつか設けて，それらが代替案となりうるかをヒューリスティック（発見的）に探索する（非論理的な推論を行なう）。

[*3] アリストテレスは，シュナゴーゲ（synagögé）またはアナゴーゲ（anagögé）とよんだ。

[*4] アリストテレスとプラトンは，エパコーゲ（epagögé）とよんだ。

[*5] アリストテレスは，アパコーゲー（απαγωγη）とよんだ。パースは，仮説形成を，「結果から原因への遡及をする推論」という意味で，リトロダクション（retroduction）という言葉でも表現している。

[*6] 仮説形成で用いられる「結論」は，演繹や帰納における「前提条件（precondition）」と対比して，「事後条件（postcondition）」とよばれることもある。

「演繹法や帰納法はけっして何ら新しいアイデアを生みはしない。科学のすべてのアイデアはこの仮説形成の仕方によって生まれるのである」と述べている[8,9]。

伊東俊太郎は，上述した3つの推論を用いて，これまでの科学的な発見を類型化している[9]。たとえば，ボイルの法則[*7]は，気体の圧力と体積の実験データからそれを説明する一般式（一般法則）を導出したため，帰納による発見に分類されている。また，ダーウィンの自然選択の考えは，人為選択をヒントに得られた[*8]ため，仮説形成（とくに類推）による発見に分類されている。伊東は，類推によるアブダクションの概念図（図2.2）を示し，それがカギ型矩形（グノーモン）であることから，**グノーモン的構造**（gnomonic structure）とよんでいる。同図は，たとえば，「地球は太陽のまわりを廻っている（a）」「木星は太陽のまわりを廻っている（a′）」「地球には空気がある（b）」の事実関係から，「木星には空気がある（b′）」を推論することを表わしたモデルである。

次項では，上述した思考の概念を用いながら，デザインの研究者達が考えたデザインのための思考について述べる。

2.2.3 デザインのための思考

第1部第1章で述べた1962年の第1回デザイン会議の論評のなかで，ページ（J.K. Page）は，「ここで発表された論文は，幅広い対象，方法，目的を含むものであった。そのなかでわれわれが合意した唯一の共通点は，システマティックデ

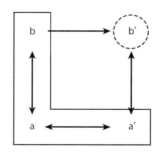

図2.2　グノーモン的構造［文献9を改変］

[*7] 一定の温度環境において，一定量の気体の圧力と体積は反比例するという法則。
[*8] 選択とは，生物に生じる突然変異を選別し生物の進化に方向性を与えることであり，外敵や気候などの自然により行なわれるものを自然選択，家畜や農作物の品種改良のように人により行なわれるものを人為選択という。

ザインが，**分析**（analysis），**総合**（synthesis），**評価**（evaluation）の3つのプロセスを含むことであろう」と述べている[10, 11]。ジョーンズにより定義されたこれら3つの定義について，以下にまとめる[12]。

- 分析：すべてのデザイン要求をリストアップし，次に，一組の論理的に矛盾のない性能仕様となるまで，これらの要求を減ずる
- 総合：それぞれの性能仕様のための複数の解決案を見つけ，次に，これらの案を組み合わせ，できるかぎり妥協を排して複数のデザイン案をつくりあげる
- 評価：それぞれの案について，動作面，製造面，販売面から性能仕様の達成度合いを評価し，最終デザイン案を選択する

　マーチ（Lionel March）は，上述した3つのプロセスとパースによる3つの推論を結び付けることで，デザインプロセスにおける推論モデルを提案した。マーチは，デザインプロセスにおける「分析」や「評価」において用いられる推論として帰納と演繹を，「合成」において用いられる推論として仮説形成をあげた[13]。さらに，マーチは，仮説形成を，よりデザイン活動に則した「創造的推論法（productive reasoning）」というよび方に替え，Production（創造），Induction（帰納），Deduction（演繹）でデザインの思考を表わしたモデルを，それぞれの頭文字を取って「PDIモデル」として提唱した（図2.3）。マーチは，同モデルを用いて，P→D→I→P→D→I→…のように周期的にくり返される手順をくり返しながらデザイン案が洗練されていくとしている。これと類似する概念を表わす図として，メサロビッチ（Mihajlo D. Mesarović）が提案し[14]，ワッツ（Ronald D. Watts）が形態化した概念モデル（図2.4）[15]がある。同図は，抽象的なものから具象的なものへとデザインを進めていくなかで，分析，総合，評価のループをくり返すことが示されている。

2.3　AGE思考モデル

　上述したデザイン思考の文脈から，松岡は，マーチのモデルにおける「総合」を「発想」に置き換えたデザイン思考モデルとして，AGE思考モデル（AGE thinking model）を提案した。「総合」は，前述したように，デザイン対象の機能や属性を複数に分解し，それぞれが満足する代替案を組み合わせて全体のデザインを得る行為であり，デザインにおける還元主義[*9]的な側面のみを連想させる

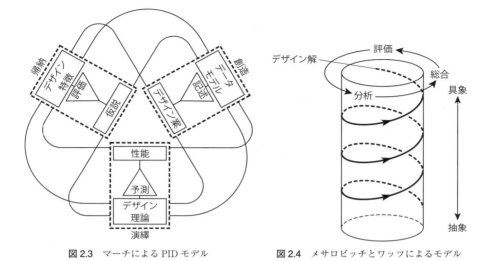

図 2.3 マーチによる PID モデル
　　　　［文献 12 を改変］

図 2.4 メサロビッチとワッツによるモデル
　　　　［文献 15 を改変］

表現といえる．この考え方は，サイモンをはじめとする 1960 年代のシステマティックなデザイン方法の研究者においては一般的であったが，近年のデザインの研究においては，還元論と反対の立場である全体論[*10]の考え方に基づく**創発デザイン**（emergent design）（詳細については第 1 部第 3 章を参照されたい）の重要性も指摘されている．このため，松岡は，デザイン思考をより一般的に表現するために，「**発想**（generation）」という言葉を用いた．

　AGE 思考モデルは，図 2.5 に示すような，分析，発想，および評価の 3 つの思考のくり返しとしてデザイン思考を表している[16]．同モデルにおいては，まず，設定されたデザイン問題に対して分析がなされる．次に，分析に基づいてデザイン案の発想が行なわれる．つづいて，発想されたデザイン案に対して評価がなされる．その際，分析により得られたモデルあるいは要素間の関係が用いられる．なお，これらの分析，発想，および評価にはそれぞれ主として，帰納，仮説形成，および演繹の推論が用いられる．以上を通じてデザイン問題に対して満足

[*9]　全体を構成する要素を分解することで，全体の特徴や特性を説明できるという考え方．
[*10]　全体は部分の総和以上の何かであり，全体は部分へ還元できないという考え方．

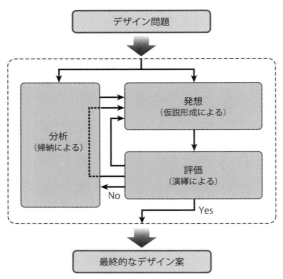

図 2.5　AGE 思考モデル

な評価が得られたデザイン案は，デザイン解となる．一方，満足な評価が得られなかった場合には，再び分析あるいは発想に戻り思考が継続される．

　これらの3つの思考について，頭部保護帽のデザインを例に説明する．頭部保護帽は，急に意識を失うことが多いてんかん患者などの頭部を，転倒による衝撃から保護するためのものである（詳細は第3部第4章を参照されたい）．このデザインでは，まず，従来の頭部保護帽について分析することで，問題点を整理した（図2.6①），次に，同問題点をもとに発想することで，デザイン案を得た（同②）．そして，得られたデザイン案を評価し（同③），評価結果を分析することで，デザイン案の改善点を抽出した（同④）．最後に，改善点をもとに発想することで，最終的なデザイン案を得た．このように，分析→発想→評価をくり返すことで，デザインが進められていくことがわかる．

　本書では，AGE 思考モデルにおける分析・発想・評価の思考の定義に基づいて，説明することとする．第1部第4章で紹介する多空間デザインモデルの思考空間においてはこれらの思考が表現されており，同一空間内にある要素間の関係は分析による空間内のモデリング，異なる空間にある要素間の関係は評価と発想による空間間のモデリングによって表現される．また，第1部第5章で紹介する

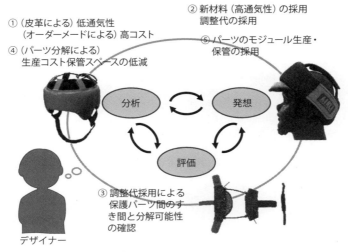

図 2.6 AGE 思考モデルによるデザインの説明

多空間デザインモデルに基づく **M メソッド**（**M method**）も，これらの思考により説明することができる。たとえば，5.1 節で述べる多空間デザインモデルに基づく発想法においては，まず，ブレインストーミング法によりデザイン要素を抽出し，親和図法と連関図法によりデザイン要素の分類と構造化（分析）を行なう。次に，スケッチやモックアップの作成によりデザイン案を生成（発想）する。最後に，得られたデザイン案についての検討（評価）を行ない，満足がいかなければデザイン要素の分解や追加を行ない，これらの手順をくり返す。

（加藤健郎）

参考文献
1) 松岡由幸・宮田悟志：最適デザインの概念，共立出版（2008）
2) ハーバート・サイモン（稲葉元吉・吉原英樹訳）：システムの科学 第 3 版，パーソナルメディア（1999）［Simon, H.A.: The Science of the Artificial, The MIT Press（1996）］
3) 黒川利明：大学・大学院におけるデザイン思考（Design Thinking）教育，科学技術動向，131 号，10-23（2012）
4) 石田亨編：デザイン学概論，共立出版（2016）
5) Rowe, P.G.: Design Thinking, The MIT Press（1987）［ピーター・G. ロウ（奥山健二訳）：デザインの思考過程，鹿島出版会（1990）］
6) Menzies, T.: Applications of abduction: knowledge-level modelling, International Journal of Human-Computer Studies, 45, 305-335（1996）

7) Hartschorne, C., Weiss, P., ed.: Ch. S. Peirce, Collected Papers Vol.I&II, Harverd University Press（1974）

8) Hartschorne, C., Weiss, P., ed.: Ch. S. Peirce, Collected Papers Vol.V（Cambridge: Harverd University Press（1974）

9) 伊東俊太郎：創造の機構──科学的発見の方法論的考察，理想，506 号，69-82（1975）

10) Page J.K.: A Review of the Papers Presented at the Conference, In: Jones, J.C. and Thornley, D.J., ed.: *Conference on Design Method*, Pergamon Press, 205-215（1963）

11) 吉田武夫：デザイン方法論の試み，東海大学出版部（1996）

12) ナイジェル・クロス（荒木光彦監訳）：エンジニアリングデザイン，培風館（2008）［Cross, N., ed.: Development in Design Methodology（Chichester: John Wiley and Sons（1984）］

13) March L.: The Logic of Design, In: Cross, N., ed.: Development in Design Methodology（John Wiley and Sons, 265-276（1984）

14) Mesarović M.D.: Foundations for a General Systems Theory, In: Mesarović M.D., ed.: Views on General Systems Theory, John Wiley and Sons, 1-24（1964）

15) S.A. グレゴリー編（寺田秀夫訳）：設計の方法，彰国社（1974）［Gregory, ed.：The design method, Butterworths,（1966）］

16) 松岡由幸編：M メソッド，近代科学社（2013）

第3章
創発デザインと最適デザイン

3.1 創発デザイン

3.1.1 創発とデザイン

創発（emergence）とは，生命システムに代表されるような，階層構造をもつ複雑なシステムに見られる現象である。その概念は，図 3.1 に示すように，「自律的にふるまう要素（部分）間の局所的な相互作用が大域的な秩序（全体）を発現し，他方，そのように発現した秩序（全体）が要素（部分）のふるまいを拘束するという双方向の動的過程により，新しい機能，形質，行動が獲得されること」とされている[1]。創発の特徴として，部分の単純な総和以上の特徴が全体に現われることがあげられる。そして，「大域的な秩序を発現」する過程を**ボトム**

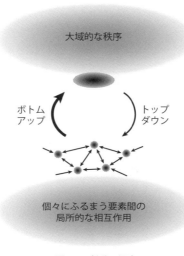

図 3.1　創発の概念

アップ（bottom-up）とよび，「発現した秩序が個体のふるまいを拘束」する過程をトップダウン（top-down）とよぶ．

　ここで，デザイン行為を創発現象と対比して考える．図3.2に示すように，まず，デザイナーや設計者が直観や経験を用いて，既存の人間システム，自然システム，人工システム，社会システムなどのさまざまなシステムに関する部分的な構成要素に注目する．そして，それらの構成要素を試行錯誤的に組み合わせ，新しくかつ多様なデザイン案を「全体」として導出する．この過程はボトムアップに相当し，新たなアイデアを創出するうえで大切な役割を有している．次に，得られたデザイン案を「部分」としての各構成要素に分解し，各構成要素を最適化することで，「全体」としてのデザイン案の完成度を上げていく．この過程はトップダウンに相当する．これらのボトムアップとトップダウンのうち，前者のボトムアップが主体となるデザインは**創発デザイン**（emergent design）とよばれる．創発デザインは，創発現象と同様に，このようなボトムアップとトップダウンの双方向過程を有することで新しくかつ多様なデザイン解候補を導出することができるデザインを指す[2]．

3.1.2　創発デザインの特徴

　創発デザインの最も特徴的な点として，ボトムアップとトップダウンの双方向

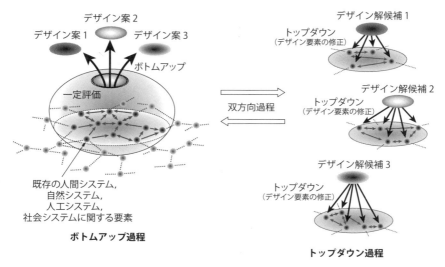

図3.2　創発デザインの概念

性があげられる。ボトムアップにおいては，既存のデザイン対象の要素である**デザイン要素**（design element）やそれらの関係を分析し，比較や統合を行なうことで新たなデザイン案を導く。一方，トップダウンにおいて，新たなデザイン案は目標や条件と照らし合わされることで，構成するデザイン要素の修正がなされる。この際に行なわれる修正の種類は，使用される目標や条件が明確な場合と不明確な場合で異なる。

　デザイン過程がある程度進行した段階においては，目標や条件が明確になっているため，それらに最も合致するように「最適化」が行なわれ，これは後述する最適デザインに相当する。一方，デザイン過程の初期段階においてはボトムアップにより導出したデザイン案を最適化するための明確な目標や条件を設定することが難しい場合が存在する。このような段階においては，デザイン案に対して「最適化」よりも「満足化」が行なわれる。この満足化においては，最適化に用いられる数学的な概念によるデザイン案の変更ではなく，一定の基準を設定し，その基準を満足するように部分的に変更を行なう。そのため，デザイン解候補の最適性は保障されないが，条件に拘束されず**位相**（topology）の異なる多様なデザイン解候補が導出されると考えられる。つまり，創発デザインにおける双方向過程を経ることでデザイン解候補に多様性が生まれ，新奇性に富んだデザイン解候補が導出されるといえる。

3.1.3　適用条件と適用可能な問題

　創発デザインは，デザイン要素の比較や組合せにより，デザイン案の創出を行なうボトムアップの過程，およびデザイン案の改善を行なうトップダウンの過程のこの双方向過程という特徴から，デザイン目標，目的関数，および制約条件は不明確でも適用可能である。また，目的や条件が不明確な問題として，デザイン上流過程に見られるようなさまざまな系統の解を大域的に検討する**大域的解探索問題**（global solution search problem）があげられる。他にも，新たなデザイン解の可能性を検討するうえで必要とされる多様なデザイン解候補の導出のような**多様解導出問題**（diverse solution derivation problem）への適用があげられる。

3.2 最適デザイン

3.2.1 最適とデザイン

最適デザイン（optimum design）における「最適」とは，デザインの目標となる特性が最大か最小になる状態のことを示す。工学設計を含むデザインの下流過程においては，一般にデザインに関する目標や制約条件が明確になっており，デザイナーは，それらを満足するデザイン解を導出する。

最適デザインにおいて用いられる基本的な語句を説明する。まず，デザイン目標を表現する特性を**目標特性**（objective characteristic）とよぶ。次に，目標特性に関与するさまざまな要因のなかで，デザイナーが制御可能な変数を**デザイン変数**（design variable）とよび，これらと目標特性の関係式を**目的関数**（objective function）とよぶ。さらに，デザイン変数に関する制約条件を表わす関数を**制約関数**（constraint function）とよぶ。たとえば，軽い杖をデザインする場合，目標特性は杖の重さ，デザイン変数は杖の形（寸法）や材料（密度）となり，それらの関係式が目的関数となる。さらに，杖が壊れないことを制約条件として考えると，デザイン変数により決まる強度（剛性）がデザイナーにより定められた許容値以上となることを表わす不等式が制約関数となる。

最適デザインの手順の一例を図3.3に示す[3]。まず，デザイン問題における目標特性とデザイン変数を決定する。これらの決定は，一般的には，デザイン問題を分析（モデリング）し，それにかかわる要素の抽出と要素間関係の解明を通じて，実施される。次に，目標特性とデザイン変数の関係を示す目的関数と，デザイン変数の制約条件（デザイナーが制御可能な領域）を示す制約関数を定義する。この決定は，先のデザイン問題の分析（モデリング）をさらに進めることで実施される。最後に，制約条件を満たし目標特性を最良（最大または最小）にするデザイン変数の値である**最適デザイン解**（optimum design solution）を決定する。最適デザイン解の導出には各種の最適化法が用いられる。

以上に示した手順は，最適デザイン解を導くための大まかな流れの一例である。実際の手順は，その最適デザインが実施される諸条件によりさまざまである。とくに，目標特性およびデザイン変数の決定と目的関数および制約関数の決定は，多くの場合に並列で行なわれ，同時に決定されることも多い。いずれにせよ，最適デザインは，デザイン問題を分析することで，目標特性とデザイン変

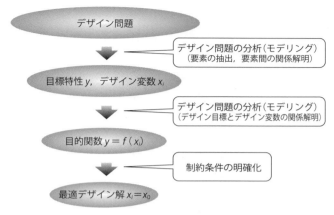

図 3.3　最適デザインの一般的な手順

数，その両者の関係を表現する目的関数，および各デザイン変数の制約条件の関係から，唯一の最適デザイン解を導くデザインといえる。

3.2.2　最適デザインの特徴

最適デザインの特徴として，創発デザインと同様にボトムアップとトップダウンの双方向性を有するものの，トップダウンの過程が主体的な役割を有している点があげられる。トップダウンとは，全体から部分への情報や意思決定の流れ，あるいは推論の方向である。この流れや方向は，デザインにおいては，設定したデザイン問題やデザイン対象という全体から，部分である各構成要素をデザイン解として決定していくことに相当する。

前項で，最適デザインでは，設定したデザイン問題を分析することでデザイン変数を抽出し，その後，目的関数や制約条件を明確し，最適なデザイン解を導くことを述べた。ここで，デザイン問題はデザインにおける全体である。また，この全体を分解することで抽出されたデザイン変数とそのデザイン解は部分に相当する。そのため，最適デザインは，全体の下で部分を意思決定するデザインであり，言い換えれば，全体から部分へのトップダウン型のデザインであるといえる。

このトップダウン型の最適デザインは，いわゆる**還元主義**（reductionism）に基づくデザインである。還元主義とは，「複雑な物事は，それを構成する要素に分解し，それらの個別の要素を理解すれば，元の複雑な物事全体の性質や振る舞

いもすべて理解できるはずである」という考え方である。この考え方は，17世紀にデカルト（René Descartes）により提唱され，その後の科学の発展に大いに貢献した。現在においても，この還元主義は，科学や工学の礎となっている。

最適デザインは，この還元主義に基づいて，デザイン問題を分析により理解し，各構成要素の抽出と相互関係の解明を行なうことでデザイン解を決定する，トップダウン型のデザインであるといえる。

3.2.3 適用条件と適用可能な問題

最適デザインを前項で示した手順で実行するためには，デザイン目標，目的関数，および制約条件がすべて明確であることが条件となる。次に，最適デザインを適用するおもなデザイン問題について述べる。最適デザインは，主としてデザインの下流過程で用いられる。この理由は，上記の適用条件にある。一般に，デザインの上流過程では，デザイン目標，目的関数，制約条件ともに明確でない。しかし，下流過程においては，上流過程との相対的関係において，それらはある程度明確になっていることが想定される。なぜならば，上流過程において基本的な仕様や構造などを有するデザイン解候補が導出されており，下流過程では，このデザイン解候補を初期設定として利用できるためである。

一般に，デザインの下流過程では，デザイン問題は，局所的にデザイン解を探索する問題〔**局所的解探索問題**（local solution search problem）〕であるといえる。また，デザイン解の形や構造の探索においても，同一タイプの構成要素間のつながり方や関係（＝位相）の範囲内で検討する問題（同一位相内問題）であることが多い。さらに，導くデザイン解の数としても，最適な**唯一解**（unique solution）を導く唯一解導出問題であることが一般的である。

このように，デザインは下流過程に進むにつれて，デザイン問題は局所的に唯一解を導く問題へと徐々に移行する。そして，デザイン目標，目的関数，制約条件といった必要とされる適用条件が明確になる。このような理由から，最適デザインは，デザインの下流過程においておもに適用されている。

3.3 創発デザインと最適デザインの相対的関係

3.3.1 デザイン過程における位置づけ

前節までに述べた創発デザインと最適デザインは，デザイン過程にそれぞれを

位置づけることで両デザインの相対的関係を見いだすことができる。詳細については第1部第4章で述べるが，デザイン過程を上流過程と下流過程に大別した場合，上流過程においては，コンセプトや目標を決定する**概念デザイン**（conceptual design）や基本的な仕様や構造などを決定する**基本デザイン**（basic design）が行なわれる[4]。この過程では，デザイン目標や条件は不明確であるため，デザイナーや設計者は自身の直観や経験を用いて発想や評価を行ない，多様なデザイン解候補を導出する。この多様なデザイン解候補の導出では，試行錯誤的に大域的な解探索を行なう。そのため，多様なデザイン解候補を導出する過程では，創発におけるボトムアップとトップダウンの双方向に相当する過程が顕著に現われる。このように上流過程ではボトムアップ主体の創発デザインが行なわれる。したがって，新しくかつ多様なデザイン解候補は，ボトムアップとトップダウンが共存する創発デザインによって導出される。一方，下流過程では，上流過程で決定されたコンセプトや基本的な仕様などを受け，部品の材料や寸法などの細部にわたる決定を行なう**詳細デザイン**（detail design）が行なわれる。下流過程においては，上流過程で導き出されたデザイン案に基づいて，明確化されたデザイン目標や制約条件の下，ある程度まで絞られた解空間のなかで最適化を行なう。このように下流過程においては，トップダウン主体の最適デザインが行なわれる。

　以上の関係から，図3.4のようにデザイン過程の初期段階では，創発デザインが中心となり，デザイン過程が進むにつれてデザイン目標や制約条件が明確になるため，創発デザインから最適デザインへと移行する[3]。

3.3.2　ボトムアップとトップダウンの関係

　デザイン過程の進行に伴う創発デザインから最適デザインへの移行においては，ボトムアップとトップダウンの関係が変化する。ここでは，創発デザインと最適デザインの特徴と役割に関する相対的関係について，ボトムアップとトップダウンの関係から整理する。

　図3.5に，ボトムアップとトップダウンの関係の推移とそれに伴う解探索の変化を示す。デザイン上流過程においては，目標や条件が不明確であることからボトムアップへの依存度が高い。また，ここではボトムアップへの依存度が高いことから**多峰性問題**（multimodal problem）における山（デザイン案のタイプ，位相）を大域的な解探索範囲から選択していることに相当する。また，デザイン過程の進行とボトムアップとトップダウンのくり返しにより，相対的に目標や条件が明

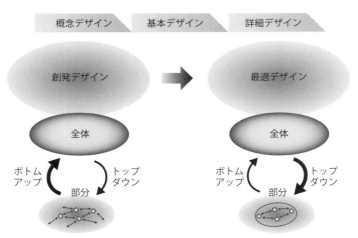

図 3.4 デザイン過程における創発デザインと最適デザインの位置づけ

確になることでトップダウンの依存度が大きくなる。トップダウンの依存度が大きくなることで，解探索範囲の絞り込みとデザイン案の改善が促されることになり，多峰性問題における山の中腹に位置していたデザイン案は頂上（峰）へ向かうことになる。そして，デザイン下流過程においては，最終的な目標や条件が明確になることでトップダウンのみになる。解探索も1つのデザイン解候補（峰）を対象とした局所的な範囲となり，峰の頂上へと持ち上げる最適化が行なわれる。

以上のことを整理すると，ボトムアップが主体的な創発デザインは，ボトムアップとトップダウンの双方向過程をくり返すことで，さまざまなタイプや位相といった多様性を創出するデザインである。一方，トップダウンが主体的な最適デザインは，限られたタイプや位相のなかで効率的にデザイン解の最適化を図るデザインである。

3.4 創発デザインと最適デザインのつかい分けと連携

前節までに述べたように，創発デザインと最適デザインはタイプが異なるデザインであるため，デザイン展開におけるつかい分けと連携を的確に実施する必要

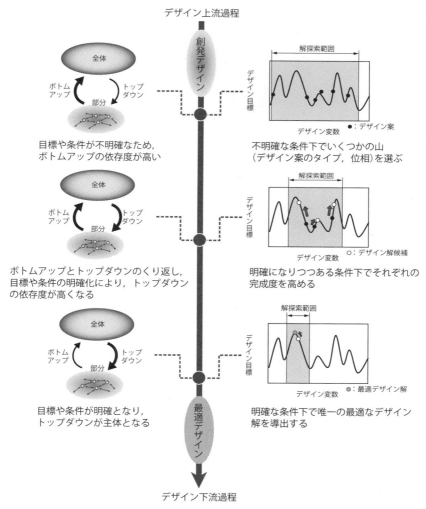

図 3.5 デザイン過程における創発デザインと最適デザインの位置づけ

がある．

たとえば，独創的でイノベーティブなデザインが求められる場合には，部分である特定の特性や要件に注目してそれらを起点に製品やサービス全体の機能を発想するような創発デザインを実施する．一方，改良や性能向上といったデザイン

が求められる場合には，すでに存在する製品やサービスを前提として，部分である細部の特性の最適化を図る最適デザインを実施する。

　これらのデザインを実現する具体的な方法は両デザインにおいて数多く存在する。しかしながら，これらを利用する際には，デザイン対象との相性やデザイン過程でのつかいどころといった方法論的な把握が必要となる。そのため，創発デザインと最適デザインを意識した的確なデザイン方法の取捨選択と連携が重要となる。

（佐藤浩一郎）

参考文献

1) Kitamura, S. : An Approach to the Emergent Design Theory and Applications, Artificial Life and Robotics, Vol.3, Issue 2, 86–89 (1990)
2) 松岡由幸・宮田悟志：最適デザインの概念，共立出版（2008）
3) 松岡由幸他：創発デザインの概念，共立出版（2013）
4) Matsuoka Y. ed. : *Design Science — "Six Viewpoints" for the Creation of Future* — Maruzen, 20-21 (2010)

第4章
多空間デザインモデル

4.1 多空間デザインモデルの概要

　多空間デザインモデル（multispace design model）は，使用される知識や手法も異なるさまざまな領域におけるデザイン行為を包括的な視点により表現するモデルである。同モデルは 2000 年代に松岡[1,2]により提唱され，さまざまな領域のデザイナー，研究者，教育者との議論や応用研究を通して 2010 年代に確立されている。また，包括的な視点による表現を実現できることから，高い一般性を求められるデザイン理論の枠組みの1つとして位置づけられている。同モデルは，デザイン対象を多数の思考や知識の空間で表わし，その各空間内モデリングと空間間モデリングが表現されたデザインモデルである。デザイン科学の枠組みにあるデザイン行為とデザイン知識に基づく代表的な多空間デザインモデルを図 4.1 に示す。同モデルはデザイン対象を含むデザインにかかわる要素（デザイン要素）とそれらの要素を操作するデザイン思考を表現した思考空間，およびその思考のもととなる知識空間で構成される。また，これらの空間を取り巻く様々な外部システムが存在し，各空間と外部システム間で相互作用のある開放系として表現されている。以下に，多空間デザインモデルに組み込まれている AGE 思考モデル，デザイン対象を表現する思考や知識の空間，同モデルを取り巻く外部システムについて述べる。

4.1.1 AGE 思考モデル

　思考空間におけるデザイン思考は，第1部第2章で述べた，**分析**（analysis），**発想**（generation），および**評価**（evaluation）の3つの思考からなる **AGE 思考モデル**（AGE thinking model）[3]に基づいている。AGE 思考モデルにおいては，まず，設定されたデザイン問題に対して分析がなされる。次に，この分析をしながらデザイン案の発想が行なわれる。つづいて，発想されたデザイン案に対して評

第4章　多空間デザインモデル　　33

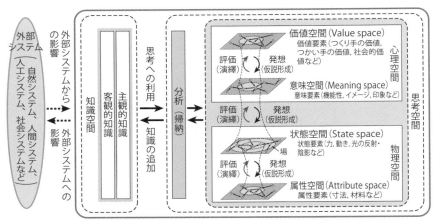

図 4.1　多空間デザインモデル

価がなされる．その際，分析により得られたモデルあるいは要素間の関係が用いられる．なお，これらの分析，発想，および評価にはそれぞれ主として，**帰納**（induction），**仮説形成**（abduction），および**演繹**（deduction）の推論が用いられる．以上を通じて設定されたデザイン問題に対して満足な評価が得られたデザイン案は，デザイン解となる．しかし，満足な評価が得られなかった場合には，再び分析あるいは発想に戻り，思考が継続される．このようにデザイン思考は，これら3つの思考を繰り返すことにより進められていく[4]．

多空間デザインモデルの思考空間においてはこれらの思考が表現されており，同一空間内にある要素間の関係は分析による**空間内モデリング**（modeling in a space），異なる空間にある要素間の関係は評価と発想による**空間間モデリング**（modeling between spaces）によって表現される．

なお，分析による空間内のデザイン要素の関係は，要素間の階層性や有向性といった特性をモデリングする際に利用される．また，評価による空間間のデザイン要素間の関係は，下位空間におけるデザイン要素から上位空間におけるデザイン要素を導出する際に利用され，発想による空間間のデザイン要素間の関係は，上位空間におけるデザイン要素から下位空間におけるデザイン要素を導出する際に利用される．

4.1.2 デザイン対象を表現する思考空間

デザイン対象を表現する空間の分割方法は，用いる視点やデザイン要素の関係性により無数に存在する。多空間デザインモデルでは，デザイン思考を心理要素群から物理要素群への変換ととらえ，心理的なデザイン要素が表現される**心理空間**（psychological space）と物理的なデザイン要素が表現される**物理空間**（physical space）の2つに大きく分割している。また，心理空間は**価値空間**（value space）と**意味空間**（meaning space）から構成され，物理空間は**状態空間**（state space）と**属性空間**（attribute space）で構成されている。価値空間においては，文化的価値や機能的価値などのさまざまな視点からの価値を表現する要素とそれらの関係が表現される。意味空間においては，デザイン対象のもつ機能性やイメージなどを表現する要素とそれらの関係が表現される。状態空間においては，デザイン対象が置かれる時空間に関する環境や条件を表現する要素の集合である場と，デザイン対象がある場におかれた際に発現する物理特性（状態）を表現する要素とそれらの関係が表現される。**場**（circumstance）とは，デザイン対象の人工物に関与する要素および要素間の関係の集合である。それは，人工物が使用される環境，使用者，つかい方など人工物周辺を指す場合や，さらに広く社会，地球環境などを含む場合があり，それらは，それぞれのデザインのありようにより決定される。

なお，場には，図4.2に示すように，デザイン要素を分類する2つの境界が存在する。第一の境界の外側に存在する要素はデザイン行為において考慮されず，内側に存在する要素はデザイン行為において考慮される要素を表わす。また，第

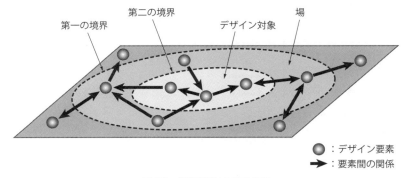

図4.2 状態空間における境界

一と第二の境界の間に存在する要素はデザイン行為において考慮される場の要素として表現され，第二の境界の内側に存在する要素はデザイン対象そのものの状態量を表わす要素として表現される[5]。

デザイン過程や使用段階の時間経過においては，場の要素がデザイン対象の要素に変化する場合がある。たとえば，**共創**（co-creation），**参加型デザイン**（participatory design），**インタラクションデザイン**（interaction design），**ユーザーエクスペリエンスデザイン**（UX design），および**タイムアクシスデザイン**（timeaxis design）にみられるように，従来，場の要素として扱うことが多かった人間（ユーザー）をデザイン対象として含めることで，第一と第二の境界の変動が誘発され，新たな意味や価値が創出される特徴がある。

状態としては，光源から物体に生ずる陰影や演色性などの意匠面に関する要素や，外力により物体に生じる応力やエネルギーなどの力学面に関する要素があげられる。属性空間には，図面に表記されるようなデザイン対象の寸法や材料などの幾何的・物理的特性を表現する要素とそれらの関係が表現される。

4.1.3 デザイン行為に用いる知識

デザイン行為に用いる知識を表現する知識空間には，図 4.3 に示すように，概念や定義についての知識である**宣言的知識**（declarative knowledge）と操作や手順についての知識である**手続き的知識**（procedural knowledge）の 2 つがある。また，その質の面からいえば，**客観的知識**（objective knowledge）と**主観的知識**（subjective knowledge）の 2 つに分かれる。客観的知識は，物理法則をはじめと

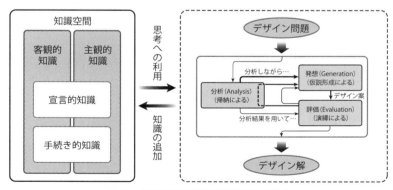

図 4.3 知識空間と AGE 思考モデルの関係

した自然科学ならびに人文科学や社会科学における知見や，地域や企業などのコミュニティ内で共有化されている知識のうち明文化されている知識〔**形式知（explicit knowledge）**〕である。主観的知識は，経験や体験によって獲得した個人的あるいは集団的に形成された価値観やノウハウなどであり，形式知に加え，明文化の困難な**暗黙知（tacit knowledge）**の両者を含んだ知識である。デザイン行為では，この主観的知識が客観的知識を操作することで，デザインが進められる。

4.1.4 多空間デザインモデルを用いたデザイン行為の表現

ここで，多空間デザインモデルに基づいて，椅子のデザインを事例にしてデザイン行為を説明する。椅子のデザイン行為を思考空間の4つの空間で表現すると，心理空間においては，座り心地や美しさといった機能的価値や感性的価値を表わす要素が価値空間を構成し，クッション性や洗練さといった機能性やイメージなどを表わす要素が意味空間を構成する。他方，物理空間においては，座面の圧力分布といったデザイン対象の状態量，ユーザーの体格や着座姿勢などの場の要素が状態空間を構成し，座面形状や脚の素材などといった図面に表記される寸法や材料が属性空間を構成する。また，知識空間については，客観的知識では，たとえば，椅子の色彩における色の三原色や三要素などの宣言的知識やさまざまなデザイン方法などの手続き的知識があげられる。一方，主観的知識はデザイナーや設計者の椅子に対する価値観や経験から得られた形状デザインに対するノウハウなどの手続き的知識がおもな知識である。

これらの思考空間と知識空間を用いて行なわれるデザイン行為は，空間内モデリングと空間間モデリングとして実行され，以下のように表現される。まず，分析による空間内モデリングは，意味空間を例として考えると，クッション性やフィット感といった機能性を表現するデザイン要素と洗練さや個性といったイメージを表現するデザイン要素間の関係を表現する際に利用される。発想による空間間モデリングは，価値空間と意味空間を例として考えると，座り心地といった価値を実現するためのクッション性やフィット感などの意味要素を導出する際に利用される。評価による空間間モデリングは，状態空間と属性空間を例として考えると，座面形状や素材といった属性から導出される座面の圧力分布などの状態を導く際に利用される。

4.1.5 多空間デザインモデルを取り巻く外部システム

思考空間と知識空間で構成される多空間デザインモデルの外側には，時間の経

過によりつねに変化する**外部システム**（external system）が存在する。その外部システムと各空間の相互作用を導入することで，思考や知識の時間的変化を考慮できる開放系のモデルとして表現している。

　外部システムの例としては，人間システム，人工システム，社会システム，自然システムなどのデザイン行為にかかわるあらゆる要素と要素間の関係があげられる。人間システムは，人に関する特徴や性質などのシステムであり，人の代謝システムや感覚システムなどがある。人工システムは，人によってつくり出されたモノやコトなどのシステムであり，交通システムや医療システムなどがある。社会システムは社会に関する特徴や性質などのシステムであり，教育システムや経済システムなどがある。自然システムは自然に関する特徴や性質などのシステムであり，生態システムや気候システムなどがある。

　以上のように同モデルにおいては，思考空間，知識空間，外部システム，およびこれらの相互作用をモデル化することでデザイン行為を表現している。なお，デザイン行為を表現する際には，すべての空間を用いる必要はなく，たとえば，価値・意味・状態の3空間や，状態・属性の2空間などのように一部を用いることもできる。

4.2　デザイン科学における多空間デザインモデルの位置づけ

　多空間デザインモデルはデザイン科学の枠組みにおけるデザイン理論に位置づけられる[6]。このデザイン理論においては，デザイン行為において観察されるさまざまな現象の一般性を，図や記号などのかたちで記述するものであり，他の理論として**一般設計学**（general design theory）や**公理的設計**（axiomatic design）があげられる。これらのデザイン理論と多空間デザインモデルを比較すると，その特徴として以下の8つがあげられる。

(1) 現象やシステムの容易な取り扱いを可能とする自由なモデル表現：　デザイン実務に適用しやすくするために，デザイン行為にかかわる要素と要素間の関係を定性や定量を問わずに，さまざまなモデル（数理モデル，グラフモデル，文章モデルなど）で表現するとともに，モデルどうしの変換（写像）を包含して表現している。

(2) 空間間の推論における双方向性の表現：　上位の空間から下位の空間への推

論である発想のみならず，下位の空間から上位の空間への推論である評価も扱うために空間間の推論に双方向性を有する思考を表わしている。

(3) 心理空間と物理空間による表現：　心理的なデザイン要素と物理的なデザイン要素の両者を包括的に扱えるようにするため，心理空間と物理空間による表現がなされている。

(4) 心理空間におけるさまざまな価値の表現：　使用者や製造者にとっての価値に加え，社会的な価値，文化的な価値などさまざまな価値やそれらの価値間の関係の議論を可能とするとともに，それらの価値を生み出す心理的要因である意味との関係を扱えるようにするため，心理空間を価値空間と意味空間に分けている。

(5) 場を含む状態空間の表現：　デザイン対象である人工物とそれらに関与する要素および要素間の関係を明示するために，人工物が使用される環境，使用者，つかい方，他の人工物との関係などを状態空間における場として表現している。

(6) 場に依存する価値と意味の表現：　心理的なデザイン要素と物理的なデザイン要素との対応関係を明示するために，場とデザイン対象の要素との組合せに依存する要素の集合として価値・意味空間を表現している。

(7) 知識空間と思考空間の表現：　デザイン行為を，知識（価値観や暗黙知などの主観的知識を含む）に基づく推論として記述するため，デザインに用いられる知識で構成される知識空間と，要素と推論から構成される思考空間に分けている。また，両空間の間には知識の「思考への利用」，思考経験の「知識への追加」が表現されている。

(8) 客観的知識と主観的知識の表現：　科学的推論のみならず，デザイナーや設計者の直観に基づく推論も扱えるようにするため，一般性を有する客観的知識と価値観や経験から得られたノウハウなどの主観的知識で知識空間を表現している。

　これらの特徴から，同モデルは，デザイン行為におけるデザイン過程，デザイン対象，およびデザイン方法を4空間の共通視点で表現できる。デザイン過程においては，デザインコンセプトを明確にする**概念デザイン**（conceptual design），デザインコンセプトに基づくデザイン案を導出する**基本デザイン**（basic design），および使用環境などの条件に最適なデザイン解を導出する**詳細デザイン**

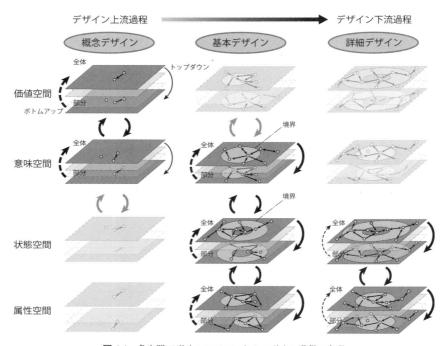

図 4.4 多空間デザインモデルによるデザイン過程の表現

(detail design) に大別した場合，多空間デザインモデルを用いて表現すると，図 4.4 のようになる。概念デザインは価値空間および意味空間における思考を中心としたデザイン，基本デザインは意味空間，状態空間，および属性空間における思考を中心としたデザイン，そして，詳細デザインは状態空間および属性空間における思考を中心としたデザインとして表現できる。

デザイン対象については，デザイン過程の進行に伴う変化を表現することができる。概念デザインにおいては，デザイン目標が不明確であることが一般的であるため，デザイン対象の機能性やイメージなどを表わす意味と，その価値との関係に注目する。これにより，デザイン目標を徐々に明確化しつつ，価値や意味の要素が明確化される。基本デザインにおいては，明確化されたデザイン目標に基づくことで，意味空間と状態空間における空間内・空間間の要素の関係に注目しつつ，基本的な機能や形状の検討がなされ，デザイン行為で考慮するか否かの境界である第一の境界とデザイン対象とするか否かの境界である第二の境界が明確

になる。詳細デザインにおいては，明確になった境界のもとで材料や寸法などを表わす属性と，場に依存する力学特性や電気特性などを表わす状態との関係に注目し，状態ならびに属性との関係からデザイン解を導出する。以上のように，多空間デザインモデルを用いることで，上流過程での価値や意味の心理特性から，下流過程での状態や属性の物理特性といったデザイン対象が有する異なる特徴を表現することができる。

　デザイン方法については，デザインの上流過程と下流過程それぞれにおける解の導出方法のちがいをみることができる。デザイン上流過程においては，不明確な条件下での多様な解候補の導出がみられ，デザイン下流過程においては，明確な条件下での最適な解の導出がみられる。前者のデザインの上流過程では，コンセプトの創出に向けたアイデア展開がおもに行なわれる。これらは，価値，意味，状態，属性の各空間において，部分から全体を導くボトムアップと全体から部分を導くトップダウンの両者が共存した創発的な方法をとる傾向がある。このボトムアップとトップダウンが共存する概念は，デザイン方法論である創発デザインに相当している。一方，後者のデザイン下流過程においては，目標である全体が定まっているため，ボトムアップとトップダウンが共存した創発的な方法からトップダウンを主体とした方法へと推移する傾向がある。このトップダウンが主体となって解を導く概念は，デザイン方法論である最適デザインに相当している。多空間デザインモデルでは，価値空間や意味空間をおもな対象としたデザイン上流過程における創発デザインと，状態空間と属性空間をおもな対象としたデザイン下流過程における最適デザインを表現することができる。

　以上のように多空間デザインモデルは，デザイン行為にかかわるデザイン過程，対象，および方法などにおいて同一の視点からとらえることが可能であるとともに，方法論，方法，実務への応用と展開ができることから，デザイン理論の枠組みとしての一定の有用性が確認できる。また，理論から方法論への応用，方法論から方法への応用，および方法から実務への応用は，共通の視点で実現できるため，さまざまな領域のデザイナーや設計者の共通の視点による知の共有と蓄積の促進につながる。この知の共有と蓄積が，個々の領域のみによる対応では難しい問題の解決や新たな価値の創造といったデザインが果たすべき役割の達成につながっていくと考えられる。

（佐藤浩一郎）

参考文献

1) Yoshiyuki Matsuoka, ed.：*Design Science* — *"Six Viewpoints" for the Creation of Futu*re —, Maruzen, 20-21 （2010）

2) Yoshiyuki Matsuoka：Multispace Design Model as Framework for Design Science towards Integration of Design, *Proceedings of International Conference on Design Engineering and Science 2010* (ICDES-10) （2010）

3) Yoshiyuki Matsuoka, ed.：*M method*, Kindai-Kagaku-Sha, 153-154 （2013）

4) 松岡由幸・宮田悟志：最適デザインの概念，共立出版，8-17 （2008）

5) 松岡由幸他：創発デザインの概念，共立出版，56-57 （2013）

6) 松岡由幸：インダストリアルデザインとエンジニアリングデザインの「あいだ」― Design 統合に向けた多空間デザインモデル―，精密工学会誌，77 巻 11 号，998-1002 （2011）

第5章
多空間デザインモデルを応用するMメソッド

■ Mメソッドの概要

　前章で述べた多空間デザインモデルは，デザイン行為を「知識空間内の知識に基づいて行なわれる思考空間内のデザイン要素の写像」として表現したものである。つまり，同モデルは，デザイン行為を表現しているだけであり，効率性や創造性などのデザインにおける目的性を有していない。このため，同モデルをそのままデザインの実践に応用することはできない。本章で紹介するMメソッド（M method）は，多空間デザインモデルの概念を付与したデザイン方法の総称であり，同モデルをデザインの実践に応用することを可能とするデザイン方法論である。

■ Mメソッドの効果

　Mメソッドには，主として，整理しやすい，使いやすい，発想しやすいの3つの特長があり，具体的には以下の9つの効果があげられる[1]。

<整理しやすい>

(1) デザイン要素間の関係性を明らかにできる：　価値，意味，状態，属性の4つの空間を用いてデザイン要素を分類し，それらの関係を明確化することでデザイン全体の問題を分析することができる。このことは，理にかなった思考によるアイデアの創出を可能とするとともに他者とのコラボレーションを容易にする。

(2) アイデアのちがいを明らかにできる：　価値，意味，状態，属性の4種類のデザイン要素を用いることで，アイデアがもつ特徴をわかりやすく表現（説明）できる。このため，アイデアの差異も明らかにできる。また，アイデアの特徴

第5章　多空間デザインモデルを応用するMメソッド　　43

を整理することで，これまでにない特徴の組合せを有するアイデアを導出することが可能である。

(3) 思考の過程を明らかにできる： 価値，意味，状態，属性の4種類のデザイン要素を用いることで，最終的なアイデアを導くまでの思考過程を残すことができる。これにより，思考をたどりながらアイデアの再検討ができることはもとより，よいアイデアの発想過程のノウハウ（知識）を蓄積し，後進のデザイナーへ伝承することが可能である。

＜つかいやすい＞

(4) さまざまな対象領域でもつかえる： 価値，意味，状態，属性の4つのデザイン要素を用いることで，モノ（状態，属性）だけでなく，コト（価値，意味）も含めたデザイン要素とその関係性を明らかにすることができる。そのため，人工物のデザインからそれを取り巻くサービスのデザインまでさまざまな対象領域に適用できる。さらに，経営，企画，研究など，デザイン以外の実務においても利用可能である。

(5) 自由なやり方でつかえる： 価値，意味，状態，属性の4つの空間を用いて，要素やそれらの関係性を自由に追加・削除することで，それぞれの得意分野に合わせたつかい方ができる。たとえば，抽象的なイメージや機能性を思考することが得意なデザイナーは，価値空間や意味空間を中心に思考できるのに対し，具体的な物理特性を思考することが得意なデザイナーは，状態空間や属性空間を中心に思考できる。

(6) 他者とのコラボレーションにつかえる： 価値，意味，状態，属性の4つのデザイン要素を用いることで，概念デザインから詳細デザインに至るまでのデザイン要素を網羅することができる。このため，デザイナーとエンジニアなど，専門知識や思考の仕方が異なるメンバーが各々の専門知識を持ち寄って一緒に思考する（コラボレーションを円滑化する）ことが可能である。

＜発想しやすい＞

(7) 新たな価値を生むアイデアを発想できる： 価値と意味のデザイン要素を分けて考えることができるため，製品の機能（意味）のみにとらわれることなく，製品の価値を意識しながらデザインを進めることができる。これにより，社会的な価値，環境に対する価値，および企業の価値などの多様化する価値観を満足するデザインを行なうことが可能である。

(8) 場に適合し，場を創るアイデアを発想できる： 場（使用者や使用環境）に
関するデザイン要素とそれらと関係するデザイン要素を検討できるため，場に
適合するモノをデザインすることができる。さらに，場に関する検討を進めれ
ば，新たな使用者や使用方法など，「新たな場を創造する」アイデアを発想す
ることが可能である。

(9) シーズを活かしたアイデアを発想できる： 価値，意味，状態，属性の4つ
のデザイン要素のうち，技術シーズや特許に関する状態や属性の要素から思考
すれば，それらに基づくアイデアを発想することができる。すなわち，企業独
自の技術シーズや特許を活かした製品開発が可能である。

　Mメソッドは，多空間デザインモデルの概念を用いたデザイン方法であるた
め，その種類はデザイン方法の数だけ存在する。本書では，同モデルを，親和図
法および連関図法に応用したMメソッド[1]と，品質機能展開に応用したMメ
ソッド[2~4]の2つを紹介する。前者は，おもに概念デザインの過程においてア
イデアの発想をサポートするものであり，デザイナーや製品企画者などにとって
有用である。一方，後者は，おもに基本・詳細デザインの過程においてデザイン
要素間の関係性の分析（管理）をサポートするものであり，設計開発や生産・品
質管理を行なうエンジニアにとって有用である。

（加藤健郎）

参考文献

1) 松岡由幸他：Mメソッド—多空間のデザイン思考—，近代科学社（2013）
2) Kato T. et al.：Quality Function Deployment Based on the Multispace Design Model，Bulletin of JSSD 60, No.1, 77（2013）
3) Kato T. et al.：Multispace Quality Function Deployment Using Interpretive Structural Modeling, Bulletin of JSSD 61, No.1, 57（2014）
4) Kato T. et al.：Multispace Quality Function Deployment for Modularization，Bulletin of JSSD 61, No.3, 77（2014）

第5-1節

多空間デザインモデルに基づく発想法
（M-BAR）

　本節では，多空間デザインモデルに基づく発想法として，ブレーンストーミング法，親和図法，連関図法を用いた多空間発想法（M-BAR）について説明する[1]。本手法は，ボトムアップ型の発想と，トップダウン型の分析の両デザイン展開に，Mモデルの視点を導入したものである。具体的には，まず，既存の発想法と分析法をそれぞれボトムアップ型およびトップダウン型の手法とし，分類を行ない各手法の選択指針を示している。そして，分類された各手法に対して多空間の視点を導入することにより，多空間発想法と多空間分析法を構築している。この両者を組み合わせることで，デザイン要素の整理が行ないやすく，新規性と高い完成度を両立させるデザイン解を得ることが可能な手法である。

5.1.1　多空間発想法（M-BAR）の手順

　M-BAR の BAR とは，後述する，ブレーンストーミング法（brain storming），親和図法（affinity diagram），連関図法（relation diagram）の頭文字をとったものであり，M-BAR は，多空間デザインモデルに基づいてこれら3つの手法を扱うデザイン方法である。図 5.1.1 は，4つのステップでデザインを展開する M-BAR の実施例であり，その全体図を示す。具体的には，多空間の視点である代表的な4つの空間，「価値」，「意味」，「状態」，「属性」，およびモノがつかわれる「場」を用いて，以下の4つのステップをくり返しながら分析と発想を行なう。4つのステップとは，「1. デザイン要素の抽出」「2. デザイン要素の分類」「3. デザイン要素の構造化」「4. デザイン要素の分解と追加」である。この1から4までのステップを自由にくり返すことができる。また，このくり返しにおいて，言語による要素の抽出のみならず，スケッチ，画像，モックアップ作成などによりデザインを進める。この M-BAR の例では，そのステップにおいて，発想法であるブレーンストーミング法，親和図法，および分析法である連関図法を用いて展開す

46　　第1部　デザイン科学と多空間デザインモデル

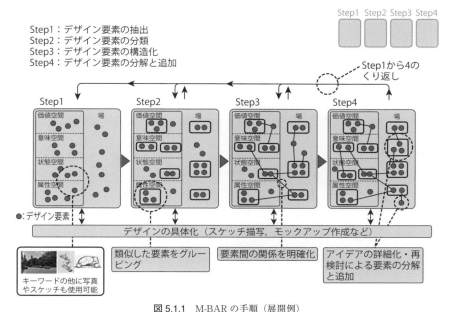

図 5.1.1　M-BAR の手順（展開例）

5.1.2　ブレーンストーミング法を用いた Step1

図 5.1.2 は，ブレーンストーミング法を用いてデザイン要素を抽出するステップを示す。**ブレーンストーミング法**（**brain storming**）は，オズボーン（Alexander Faickney Osborn）が考案したさまざまなテーマにおける自由で多様なアイデアの発想を目的とした手法である[2]。参加者全員の発言を促し，それに対する批判や評価を行なわないことにより，独創的なアイデアを得ることができる。このブレーンストーミング法の基本ルールは次の4つであり，デザイン対象に関する要素を抽出する。

1) 質より量を重視する
2) 批評をしない
3) 粗野な考えを歓迎する
4) アイデアを結合し発展させる

すべての発言はホワイトボードなどに記録し，キーワードで要約する。「卓上

第 5-1 節　多空間デザインモデルに基づく発想法（M-BAR）　　47

Step1：デザイン要素の抽出

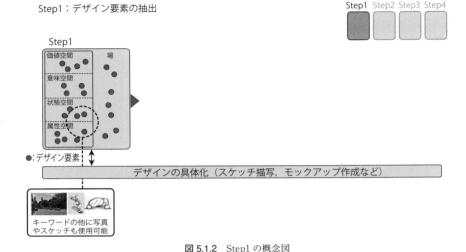

図 5.1.2　Step1 の概念図

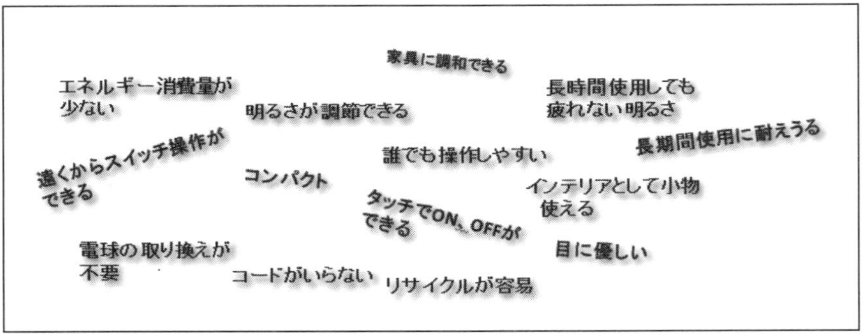

図 5.1.3　ブレーンストーミング法による抽出例

照明に求められている特徴について」のテーマを例に，ブレーンストーミング法で要素を抽出している例を図 5.1.3 に示す．M-BAR の Step1 では，ブレーンストーミング法で抽出したデザイン要素を多空間のなかに配置していく．図 5.1.4 は配置した例である．

5.1.3　発想法である親和図法を用いた Step2

図 5.1.5 は親和図法を用いてデザイン要素を分類するステップを示す[3]．**親和図法**（affinity diagram）は，未来・将来の問題，未知・未経験の問題など，不確

卓上照明に求められている特徴についての要素を抽出		
価値	リラックス　快適　省エネ	場
意味	コンパクト　経済性　家具との調和　インテリア小物になる 遠隔スイッチ操作ができる　目に優しい　耐久性　リサイクル	机　テーブル 引出金具
状態	明るさの具合　高さを変えられる　光の位置を変えられる 長時間使用	玄関の棚 昼　夜　暗所
属性	コードレス機能　タッチ式スイッチ　取り換え不要の電球　LED 電球カバー　シート発光　軽量　光の色	照度調節機構

図 5.1.4　抽出した要素を多空間のなかに配置した例

定性のある問題について，事実，発見，発想を言語データでとらえ，それらの相互の親和性によって統合した（似たものどうしをグループ別にまとめた）図をつくることにより，解決すべき問題の所在，形態を明らかにしていく方法である。

この親和図法は，次のステップからなる。

(1) カードの作成：　テーマについて事実，意見，発想などの情報を集め，1つの言語データ（要素）をカードに記述する。
(2) グループ化：　抽出したデータのなかから類似性をもとにいくつかのグルー

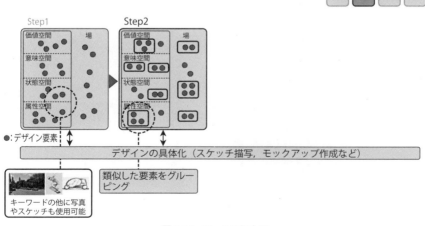

図 5.1.5　Step2 の概念図

プにまとめ，それぞれのグループに見出しをつける。

(3) 親和図の作成： 整理，分離，体系化した図を作成する。

図 5.1.6 は，前述の「卓上照明に求められている特徴について」をテーマにして意味空間内の要素を抽出し，それらの要素を親和図法で分類している例である。

5.1.4 分析法である連関図法を用いた Step3

図 5.1.7 は，連関図法を用いて要素間の関係を明確化するステップを示す。**連関図法**（relation diagram）とは，原因と結果が複雑に絡み合っている状況で，それらの定性情報の関係を整理し，問題の構造を明確化することにより，目的達成のために必要な手段を導き出すことに適した手法である。

連関図法の特徴は，問題とする事象（結果・目的）に対して，要因（原因・手段）が複雑にからみ合っているような場合に，要因を順次探索し，重要な要因を見つけ，問題解決の糸口を見つけだす方法である。原因と結果，目的と手段などの要因相互の因果関係を矢印でつなぎ，ネットワーク状に展開して整理すること

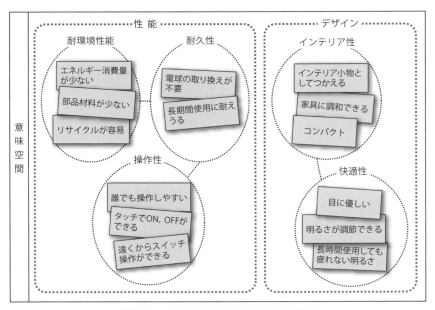

図 5.1.6　意味空間内の親和図法による分類例

Step3：デザイン要素の構造化

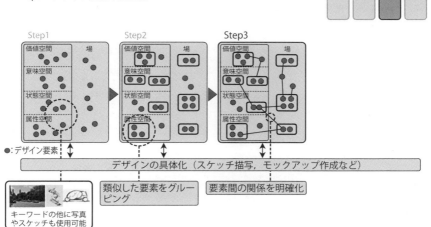

図 5.1.7　Step3 の概念図

によって，問題全体の構造を把握する。

図 5.1.8 は，結果をひき起こす原因を解明する連関図法の「原因解明型」であり，図 5.1.9 は目的を達成するための手段を展開する「手段解明型」である。

これら 2 つのうち連関図法は「原因解明型」として使用されることが多い。表 5.1.1 は，連関図法の作図手順と操作例である。このように手順に沿って目的達成のために必要な手段を導き出す。

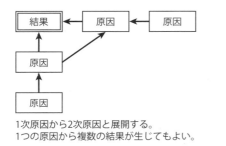

図 5.1.8　原因解明型

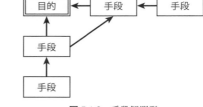

図 5.1.9　手段解明型

第 5-1 節　多空間デザインモデルに基づく発想法（M-BAR）　　51

表 5.1.1 連関図法の作業手順と操作例

作図手順	操作例
①テーマを決める	用紙の中央に，楕円を作成し，そこにテーマを入力する。 テーマ枠にテーマ，注記枠に必要な注記を入力する。
②テーマの1次原因を考えカード化する	カードを作成し，テーマの原因を文章で入力する。 考えうる1次原因を複数作成する。
③1次原因のカードをテーマの周辺に配置し，テーマと矢線でつなぐ	矢線を2次原因からテーマに向かってドラッグして接続する。
④1次原因を結果と捉え，2次原因を考えてカード化する	カードを作成し，1次原因のさらなる原因を文章で入力する。 考えうる2次原因を複数作成する。
⑤2次原因のカードを配置し，1次原因と矢線でつなぐ	矢線を2次原因から1次原因に向かってドラッグして接続する。
⑥3次原因，4次原因と，深く掘り下げる	くり返し，考えうる3次原因，4次原因を複数作成する。 1つの原因カードから複数の結果カードを関連付けてもよい。
⑦カード間の因果関係を確認する	全体を見直し，他にもれ落ちはないか確認する。 見やすいようにカードの配置を工夫する。
⑧主要な原因を検討する	文字フォントや色などを変えて強調表示する。 その原因に至る過程を強調表示してもよい。

Step4：デザイン要素の分解と追加

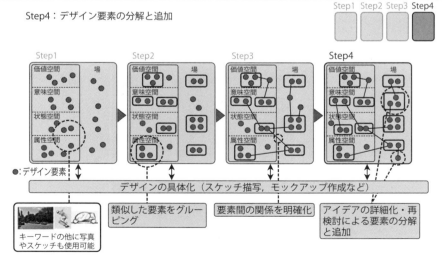

図 5.1.10 Step4 の概念図

5.1.5　デザイン要素の追加と分解を行なう Step4

　図 5.1.10 は，要素間の関連づけを再検討して，デザイン要素の分解と追加を行なうステップを示す。抽出した要素をさらに分解したり，不足している要素を追加したりして，抜けや漏れがないように充実させていく。

　また，Step1 から Step4 までを自由にくり返すことができ，このくり返しにおいて，スケッチ描写，画像の使用，モックアップ作成などによりデザインを展開する。

（高野修治）

参考文献
1）松岡由幸他：M メソッド—多空間のデザイン思考—，近代科学社（2013）
2）高橋誠編著：新編創造力事典，日科技連（2002）
3）納谷嘉信他：やさしい新 QC 七つ道具，日科技連（1984）

第 5-2 節
多空間デザインモデルに基づく分析・評価法 （M-QFD）

　本節では，多空間デザインモデルに基づく分析・評価法として，品質機能展開（QFD）に多空間デザインモデルの概念を加えた多空間品質機能展開（M-QFD）を紹介する。本手法は，QFD で扱う品質表とよばれるデザイン要素間の関係を表わすマトリクスを，多空間デザインモデルにおける価値・意味・状態・属性の 4 つの思考空間に基づいて作成するものであり，以下にあげる点について効果的である。①製品開発に関係するすべての要素を俯瞰することができるため，部署間の情報共有化と協調が容易となる，②ユーザーだけでなくメーカーや社会などを含めた多様な価値に基づく斬新なアイデアを発想できる，③最適な開発プロセスや部品・システムモジュール構成を構築することができるため，開発費・コストを低減できる，④得られた品質表における要素とその関係は，デザイン思想そのものであるため，開発経過のドキュメント化・ノウハウ伝承が容易となる。⑤得られた品質表における要素とその関係に基づいてデザイン変更を行なうことにより，変更に伴う影響を最小化し効率的なデザイン変更を行なうことができる。

5.2.1　品質機能展開と多空間品質機能展開

　品質機能展開（quality function deployment；QFD）とは，1960 年代に赤尾らにより提唱された手法であり，**品質表**（quality matrix）を用いて，デザインの上流過程で検討される顧客要求・機能を，デザイン下流過程で検討される技術特性や部品などへ変換することができる[1]。ここで品質表とは，①デザイン過程において考慮すべきデザイン要素をまとめた**展開表**（deployment chart），②異なる展開表に属するデザイン要素間の関係をまとめた**二元表**（relationship matrix），③同じ展開表に属するデザイン要素間の関係をまとめた**相関表**（correlation matrix）の 3 つから，図 5.2.1 のように構成される。展開表の個数や種類はこれまでにさまざまな適用例があるものの，一般的には，同図のように，（顧客要求から得られ

54　　第 1 部　デザイン科学と多空間デザインモデル

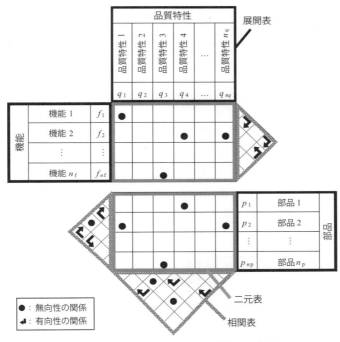

図 5.2.1 品質機能展開における品質表の概念図

た）機能，品質特性（技術特性），および部品の３つの展開表が用いられる。たとえば，扇風機のデザインにおいては，「風を発生すること」や「風量を調整すること」などが機能となり，「風量」や「羽の回転数」などが品質特性，「羽」や「モーター」などが部品となる。また，同図における矢印と丸は，要素間に有向性と無向性の関係があることを表わしている。たとえば，同図では，部品２から部品１への有向性の関係がある（部品２は部品１へ影響する）ことや，品質特性２と３は無向性の関係がある（互いに影響しあう）ことなどがわかる。

QFD に多空間デザインモデルの概念を加えた**多空間品質機能展開（multispace QFD；M-QFD）**[2)]の品質表は，上述した３つの展開表を，多空間デザインモデルの４つの思考空間である価値・意味・状態・属性に置き換えたものである（図5.2.2）。QFD と M-QFD の差異として，QFD における機能が M-QFD において価値と意味に分かれたことと，場の影響を受ける状態と受けない属性が区別された

ことがあげられる。前者の効果として，顧客（ユーザー）の価値だけでなく企業や社会の価値など製品開発における多様な価値を抽出し，それらの関係を分析・評価した製品開発が可能となる。後者の効果として，場が影響を及ぼす要素とそうでない要素を明確に区別できるため，多様な場を想定し，それらの影響を分析・評価した製品開発が可能となる。以下に，前掲の品質表の概念図（図 5.2.2）に基づいて，M-QFD の手順について述べる。

Step1：　5.1 節の M メソッド（M-BAR）や各種ブレインストーミング法などを用いて，デザイン要素を抽出し，抽出したデザイン要素を価値・意味・状態・属性の 4 つの展開表に割り当てることで展開表を作成する。

Step2：　Step1（または Step4）で割り当てた各展開表のデザイン要素と，異なる展開表に属するデザイン要素の関係を記載した二元表を作成する[*1]。

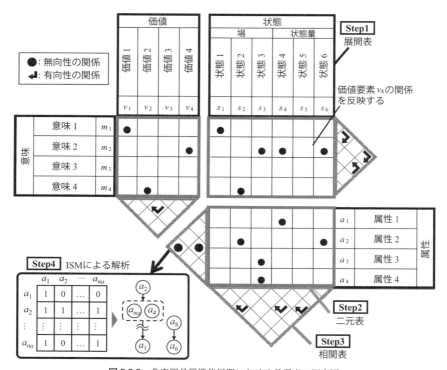

図 5.2.2　多空間品質機能展開における品質表の概念図

Step3： Step2 と同様に，同じ展開表に属するデザイン要素間の関係を相関表に記載した展開表を作成する。

Step4： 得られた二元表と相関表を用いて，要素間関係を把握する。ここで，必要であればデザイン要素の追加と削除を行ない，Step2 へ戻る。なお，相関表が複雑で理解しにくい場合は，以下に示す ISM や設計構造マトリクスなどの手法を用いて，デザイン要素間の関係を整理する。

5.2.2 ISM

(1) ISM の概要

ISM（interpretive structural modeling）は，複雑なデザイン要素の関係を視覚的に表現するための方法の1つであり，以下のような行列演算を行なう[3,4]。まず，(n 個のデザイン要素の関係を表わす) **直接影響行列**（direct affective matrix）X（図 5.2.3a）を次式のように作成する。

$$X = \begin{pmatrix} x_{11} & \cdots & x_{1j} & \cdots & x_{1n} \\ \vdots & & & & \\ x_{i1} & \ddots & & \vdots \\ \vdots & & & & \\ x_{n1} & \cdots & & & x_{nn} \end{pmatrix} \quad \left\{ x_{ij} = \begin{cases} 1 & i \text{ 番目のデザイン要素が} \\ & j \text{ 番目のそれに影響を与える場合} \\ 0 & \text{それ以外} \end{cases} \right. \quad (5\text{-}1)$$

(5-1) 式は，i 番目のデザイン要素が j 番目のデザイン要素に影響を与える場合（相関表に矢印または丸がある場合）に，直接影響行列の i 行 j 列の成分が 1 となることを表わしている。

次に，直接影響行列 X に単位行列 I を加えた行列 M を用いて，可到達行列 M_R（図 5.2.3b）を次式のように導出する。

$$M_R = M^r \quad (M^r = M^{r-1}) \tag{5-2}$$

ここで，r は任意の整数を表わすとともに，この計算は，**ブール演算**（Boolean operation）[*2] に基づく。可到達行列は，デザイナーが見落としがちな，副次的な関係（他のデザイン要素を介した要素間関係）を確認するために用いられる。た

[*1] 異なる展開表に属する要素間関係は，因果関係を決めにくいため，無効性の関係（図中では "●"）にするのが一般的である。

[*2] ブール演算は論理演算ともよばれ，1（真）と 0（偽）の 2 とおりの入力値に対して，いずれかの値を出力する演算である。ISM が用いる演算は，$0 \times 0 = 0$，$1 \times 0 = 0$，$0 \times 1 = 0$，$1 \times 1 = 1$，$0 + 0 = 0$，$1 + 0 = 1$，$0 + 1 = 1$，$1 + 1 = 1$ の 8 つである。

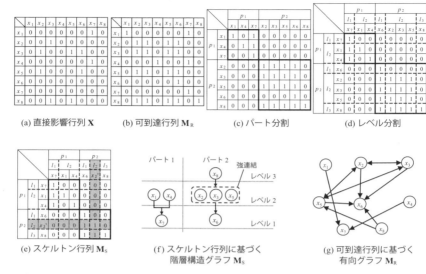

図 5.2.3 ISM による行列展開と階層構造グラフ

とえば，3 つのデザイン要素 A, B, C において，A が B に関係して，B が C に関係する場合，A と C には副次的な関係があるといえる．

そして，可到達行列を，以下の 3 つの手順を経て，可到達行列 M_R をスケルトン行列に変形する．

①パート分割： パート（パートに含まれる要素は，パート内の 1 つ以上の要素と関係する）p に分割する（図 5.2.3c）．

②レベル分割： パート内の要素を，影響を与える要素の数で並び替えて，階層（レベル）l に分割する（図 5.2.3d）．ここで，数字の大きいレベルの要素ほど多くの要素に影響する．

③要素の縮約： 同じレベル内において，無向性の関係を有する要素群を 1 つにまとめる．ここで，このような要素群の関係を**強連結**（strong connection）とよぶ．さらに，関係を表わす 1 の数を削減することで，スケルトン行列（図 5.2.3e）を算出する．たとえば，図 5.2.3e において，x_8 から x_6 への関係は削除されることになる．本書ではこの具体的方法については省略するが，興味のある読者は文献[4]を参照されたい．

最後に，スケルトン行列に基づいて，**階層構造グラフ**（structural model）（図5.2.3f）を作成する。階層構造グラフは，元の要素の関係（図5.2.3g）と比較して，デザイナーが理解しやすい表現になっていることがわかる。

(2) ISM の多空間品質機能展開への応用

ISM を，M-QFD の相関表から求めた直接影響行列へ適用し，階層構造グラフを作成することができる[3]。これにより，デザイナーは，価値，意味，状態，および属性の各空間内のデザイン要素の関係を容易に理解することができる。さらに，相関表だけでなく，二元表で表わされる異なる種類のデザイン要素間の関係も扱うことができる。以下に，その方法について，状態と属性の要素間関係を例に述べる。

属性要素の関係は，属性要素どうしの関係だけでなく，状態要素との関係も包含して考慮しなければならないことがある。たとえば，部品の設計変更の際，部品間の接続関係（属性どうしの関係）だけでなく，それが関係する物理特性（状態要素）の製品全体への影響も考慮しなければならない。ここでは，以下の2つのルールを用いて，状態要素間の関係を属性要素の相関表に追加する方法を紹介する。

①共通の状態に関係する属性どうしを双方向的に関係づけるルール（図5.2.4a）：
このルールを表わす属性の直接影響行列 $\mathbf{A}^{1)}$ は，次式のように表わせる。

$$\mathbf{A}^{1)} = a_{kl} = \begin{cases} 1 & \sum_{i}^{n_s} (a_k, s_i) \cdot (a_l, s_i) = 1 \text{ のとき} \\ 0 & \text{それ以外} \\ & (k = 1, 2, \cdots, n_a, \, l = 1, 2, \cdots, n_a, \, k \neq l) \end{cases} \tag{5-3}$$

ここで，この計算は，ブール演算に基づくこととし，記号の説明を以下に示す。s_{ij} は状態要素の直接影響行列 S の i 行 j 列の成分，a_{kl} は属性要素の直接影響行列 A の k 行 l 列の成分，(a_m, s_n) は状態要素と属性要素の二元表における m 行 n 列の成分（m 番目の属性と n 番目の状態の関係を表わす成分），n_a, n_s はそれぞれ属性と状態の要素数を表わす。

②状態要素と関係する属性要素どうしを状態要素と同様の方向に一方向的に関係づけるルール（図5.2.4b）：
このルールを表わす直接影響行列 $\mathbf{A}^{2)}$ は，次式のように表わせる。

第 5-2 節　多空間デザインモデルに基づく分析・評価法（M-QFD）　59

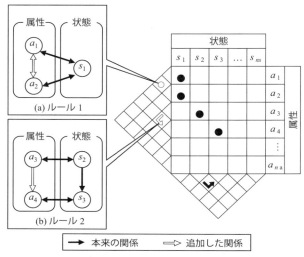

図 5.2.4 二元表と相関表に基づく関係づけのルールの概念図

$$A^{2)} = a_{kl} = \begin{cases} 1 & (a_k, s_i) \cdot (a_i, s_j) = 1 \mid s_{ij} = 1 \text{ のとき} \\ 0 & \text{それ以外} \\ & (i=1,2,\cdots,n_s, j=1,2,\cdots,n_s, k=1,2,\cdots,n_a, l=1,2,\cdots,n_a, i \neq j, k \neq l) \end{cases} \quad (5\text{-}4)$$

上述した 2 つのルール〔(5-3) 式と (5-4) 式〕を，元の属性の直接影響行列 A に加えることにより，状態の関係を考慮した属性の直接影響行列 A′ は次式のように表わせる。

$$A' = A + A^{1)} + A^{2)} \quad (5\text{-}5)$$

このように，M-QFD と ISM を用いて状態の関係を考慮して，属性の階層構造グラフを作成することにより，デザイナーの考えが整理され，不適切なデザイン手順により生じる手戻りのない，部品（属性）デザインを進めることができる。さらに，それを参照した他のデザイナーは，そのデザイナーの考えを理解し，効率的にデザイン変更やリデザインを行なうことができる。

5.2.3 設計構造マトリクス

(1) 設計構造マトリクスの概要

 設計構造マトリクス（design structure matrix；DSM）は，部品，デザインタス

ク，人員配置など，製品開発において考慮すべきデザイン要素の関係を表現する行列である[5]。DSM の行と列は，それらの複雑な関係をデザイナーが把握しやすくするために，一定のルールに従って並び替えられる。このため，DSM は，開発プロセス管理，生産管理，部品管理などの効率化において重用されている。DSM には，おもに以下の3つの行列の操作方法がある（行列の操作方法の詳細は文献[6]を参照されたい）。

① **クラスタリング**（clustering analysis）： デザイン要素間の相互作用が DSM の対角線の近傍に集まるようにデザイン要素（行と列）を並び替えることで，関係の強いデザイン要素のグループ（クラスタ）を作成する操作である。この操作方法は，クラスタ間の相互作用ができるだけ少なくなるように実施される（図 5.2.5a）。

② **パーティショニング**（partitioning analysis）： DSM におけるデザイン要素間の関係がなるべく上三角行列内に位置するように，デザイン要素（行と列）を並び替えることで，フィードバックループを削減し，デザインプロセスを改善する操作である。しかし，デザイン対象が複雑な場合，行列を並び替えるだけでフィードバックを完全に消去することは不可能である。この場合，デザイナーが，一部のフィードバックを許容するか，次に述べるティアリングを用いてフィードバックを削除することを検討する（図 5.2.5b）。

③ **ティアリング**（tearing analysis）： パーティショニング後に残ったフィードバックループのなかでとくに長い（多くの要素を含む）ものを抽出し，それらを削除することで，デザインプロセスを改善する操作である（図 5.2.5c）。

図 5.2.5　DSM における行列操作方法

これらの行列操作方法のうち、①は ISM と異なり、関係に基づいてデザイン要素をグループ化することができるため、関連する多数の部品をグループ化して生産することにより量産効果を高める**モジュラーデザイン**（modular design）などに有効である。一方で、②と③は、ISM と同様に、関係に基づいてデザイン要素を階層化することができるため、デザインプロセスの構築などに有効である。ただし、前述した ISM と異なり、DSM は（5-2）式のような可到達行列を算出しないため、副次的な関係は取り扱えないものの、関係が多く強連結が多く生じやすい品質表を整理するのには有効である。本書では、①のクラスタリングに着目し、それを応用した部品のモジュール化に特化したコンポーネント DSM を紹介する。

コンポーネント DSM（component-based design structure matrix）とは、製品を構成する部品（要素）を、それらに関する複数の関係[*3]に基づいてクラスタリングするためのものであり、エッピンジャー（Steven D. Eppinger）らにより提案された[7]。たとえば、4種類の関係を表現したコンポーネント DSM とそのクラスタリングの概念図を図 5.2.6 に示す。同図 a では、各種関係におけるデザイナーの意図（同一モジュールにしたい／したくない）とその強さを $-2 \sim 2$ の数値（以下、評価値）[*4] で表わしている[8] が、関係の有／無（1, 0）や関係の強さ（2, 1, 0）のみで表わすこともある[9,10]。コンポーネント DSM には、複数の評価値を用いて最適なモジュール構成を導出するためのクラスタリング手法がいくつかある。同図 b は、重要な関係に関する評価値（代表値）を用いる手法[7] を適用しており、左上に配置された関係を重視する（とデザイナーが判断した）ため、その評価値が代表値とされ（中央の菱形部分に記載され）、それらを用いてクラスタリングが行なわれている。その他にも、評価値の和や重み付き総和などを代表値として用いる手法[9,11] がある。このように、複数の相互作用の評価値を1つの代表値にまとめたうえで、行列の並び替えを行ない、クラスタリングを行なう（同図 c）。なお、行列の並び替えの組合せ数は膨大であるため、この操作には**遺伝的アルゴリ**

[*3] Eppinger らは、要素間の関係として、空間的な干渉、エネルギーの交換関係、情報の受け渡し関係、および物質的な影響関係の4つを定義したが、これ以外のものを設定してもよい。

[*4] この例では、-2（同一モジュールにしたくない）、-1（できれば同一モジュールにしたくない）、0（どちらでもよい）、1（できれば同一モジュールにしたい）、2（同一モジュールにしたい）の5つの評価値を用いている。

62　　第1部　デザイン科学と多空間デザインモデル

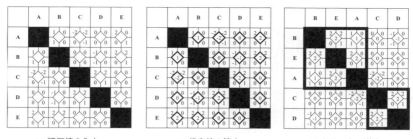

(a) 評価値の入力　　　(b) 代表値の算出　　　(c) クラスタの導出

図 5.2.6　コンポーネント DSM を用いたクラスタリングの概念図

ズム (genetic algorithm) のような**ヒューリスティックアルゴリズム** (heuristic algorithm) を用いることで，デザイナーがある程度満足できるレベルのクラスタリングを行なうことが多い．クラスタリングの手法はいくつか提案[12]されているが，本書では割愛する．

(2) 設計構造マトリクスの多空間品質機能展開への応用

DSM も ISM と同様に，M-QFD の相関表から求めた直接影響行列へ適用する．これにより，要素間の関係に基づくモジュール化を行なうことができる．なお，前述した，異なる種類のデザイン要素の関係づけのルール〔(5-3) 式〕を用いれば，複数の関係を扱うコンポーネント DSM にまとめることもできる．ここで，ISM と異なる点は，コンポーネント DSM が複数の関係を扱える点である．これにより，注目する価値要素をいくつかあげ，それらに関連する状態要素間の関係を属性要素の相関表にそれぞれ追加することで，複数の関係とすることができる．図 5.2.7 では，4 番目の価値要素に着目し，それが関連する状態要素の関係を，属性要素の相関表に追加した例が示されている．ここで，価値要素はトレードオフの関係を有することが多いため，複数の価値要素を用いた場合にはトレードオフ関係を考慮したクラスタリング手法が必要となる．その 1 つのクラスタリング手法[13]を以下に紹介する．

Step1:　コンポーネント DSM の行と列の両方に属性要素（部品）を配置するとともに，部品間の相互作用の評価値を記載する（図 5.2.8a）．

Step2:　正の評価値を優先する（代表値とする）クラスタリングを行なうことにより，正の評価値を有する部品だけでなく，正負両方の評価値の両方を有する（すなわち，トレードオフ関係のある）部品をクラスタリングする（図 5.2.8b）．こ

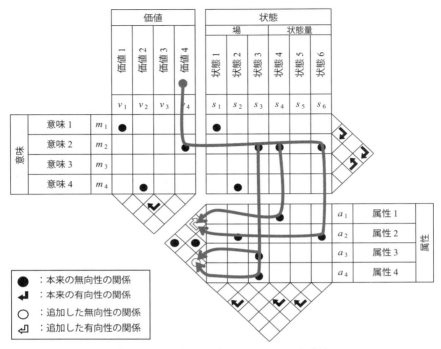

図 5.2.7 ISM と DSM を用いた M-QFD の概念図

こで，灰色のセルはトレードオフ関係を表わしており，同セルがクラスタリングされていることがわかる。

Step3： Step2 で得られた各クラスタのなかで，負の評価値を優先するクラスタリングを行なうことにより，トレードオフ関係をもつ部品を分ける（サブクラスタを導出する）（図 5.2.8c）。ここで，灰色の枠はサブクラスタを表わしており，同図においてトレードオフ関係を有する部品が分けられていることがわかる。

このように M-QFD とコンポーネント DSM を用いることで，トレードオフ関係を有する多様な価値要素とそれらに関係する意味，状態，属性要素の全体像を取り扱う（可視化する）ことが可能となり，デザイナーの要求に合致するモジュール構成を合理的に決定することができる。

（堀内茂浩・加藤健郎）

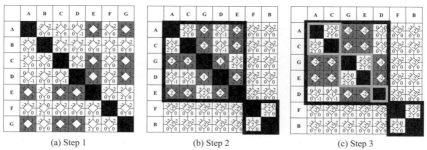

(a) Step 1　　　　　　　　(b) Step 2　　　　　　　　(c) Step 3

図 5.2.8　トレードオフを考慮したコンポーネント DSM のクラスタリング手法概念図

参考文献

1) Akao Y.：Quality function deployment，Productivity Press（1990）
2) Kato, T., Horiuchi, S., Sato, K., Matsuoka, Y.：Quality Function Deployment Based on the Multi-space Design Model, *Bulletin of JSSD* 60, No.1，77（2013）
3) Kato, T., Horiuchi, S., Sato, K., Matsuoka, Y.：Multispace Quality Function Deployment Using Interpretive Structural Modeling, *Bulletin of JSSD* 61, No.1，57（2014）
4) Warfield, J. N.：*Societal Systems: Planning, Policy and Complexity*，John Wiley & Sons Inc.（1976）
5) Kato, T., Noguchi, S., Yoshinaga, K., Hoshino, Y.：Multispace Quality Function Deployment for Modularization，*Bulletin of JSSD* 61, No.3，77（2014）
6) Eppinger, S.D., Browning, T.R.：*Design Structure Matrix Methods and Applications*，MIT Press（2012）
7) Eppinger, S.D., Pimmler, T.U.：Integration Analysis of Product Decompositions，*Proceedings of the 1994 ASME Design Engineering Technical Conference*，343-351（1994）
8) Helmer, R., Yassine, A., Meier, C.：Systematic Module and Interface Definition Using Component Design Structure Matrix, *Journal of Engineering Design* 21, No. 6，647-675（2010）
9) Sharman, D.M., Yassine, A.：Architectural Valuation using the Design Structure Matrix and Real Options Theory, *Concurrent Engineering* 15, No. 2，157-173（2007）
10) Bready, T.K.：Utilization of Dependency Structure Matrix Analysis to Assess Complex Project Designs, *ASME 2002 International Design Engineering Technical Conferences and Computers and Information in Engineering Conference*，231-240（2002）
11) Deng, X., Huet, G., Tan, SD., Fortin, C.：Product Decomposition Using Design Structure Matrix for Intellectual Property Protection in Supply Chain Outsourcing, *Computers in Industry* 63, No. 6，632-641（2012）
12) Yu, T.L., Yassine, A., Goldberg, D.E.：An Information Theoretic Method for Developing Modular Architectures Using Genetic Algorithms, *Research in Engineering Design* 18, No. 2，91-109（2007）
13) Yoshinaga, K., Kato, T., Kai, Y.：Clustering Method of Design Structure Matrix for Trade-off Relationships, *Bulletin of JSSD*，（in press）

第**2**部

多空間デザインモデルの応用領域

第1章
プロダクトデザイン

　本章では，プロダクトデザインのプロセスにおける各段階にかかわる多空間デザインモデルの有効性を検討する。プロダクトデザインの対象は，今日の生活全般のあらゆる人工物にわたるため非常に多種多様であるが，そのなかから事例として，自動車デザインを取り上げることとする。自動車は製品のなかでも多くの要素が集約された総合的な製品であるため，製品自体が複雑で，開発において求められる要求や条件も多い。このような製品のデザインにあたっては，考慮すべき情報や要求事項の構造化がとくに重要であり，本書で扱う多空間デザインモデルの視点が有効であると考えられる。また，自動車は実用的な道具であると同時に趣味の対象として愛好される製品でもあり，機能面のみならず愛着などユーザーの感性的な要素が重要な役割をもつ製品である。このような，技術的な合理性だけでは判断できないあいまいな要因を扱う手法としても，多空間デザインモデルによる構造化の有効性が期待される。

1.1　プロダクトデザインのプロセス

　自動車デザインは**プロダクトデザイン**（product design）の代表的な一分野であり，そのプロセスはプロダクトデザインの一般的なプロセスと共通である。ただし冒頭に述べたように，構成要素が非常に多い総合的な製品であるため，他の製品分野に比較して，デザインプロセスにもより詳細で多くの工程が必要となる。以下では，基本的なプロダクトデザインのプロセスに，自動車デザインの特徴的な部分を加えながら解説する。

　はじめに，企業における製品開発のプロセスは4段階に大別することができる。①戦略段階，②企画段階，③開発段階，④製造・販売段階である。デザインのプロセスもこの4段階に対応させて考えることができる。

　①の戦略段階は，企業としての経営戦略，事業戦略，商品戦略を立案する段階

68　第2部　多空間デザインモデルの応用領域

であるが，この段階におけるデザイン部門のプロセスは企業デザイン戦略，商品デザイン戦略などとよばれる。具体的には企業全体のブランディングの一部としてどのようなイメージを打ち出していくか，そしてそのために製品ラインナップにおけるデザインの一貫性や統一感を表現するための，デザイン上の方針やルールの策定などがあげられる。これらの戦略を象徴的に表わす存在として，しばしば**アドバンスデザイン**（advanced design）とよばれるデザイン提案が制作される。とくに自動車の分野ではアドバンスデザインが重視されており，世界各国で開催されるモーターショーなどにおいて，将来に向けた各企業のデザイン戦略を示すショーカーが展示され話題となる（図1.1）。それらのショーカーは社会的な注目を集めるプロモーション的な意味をもつと同時に，将来に向けたデザインの新たな戦略や，デザイン表現の試みに対する市場の反応をうかがう実験的な意味をもっている。また，自動車ブランドではモデルラインナップにおけるデザインの一貫性が重視され，とくにドイツをはじめとする欧州の自動車ブランドにはその傾向が強い。将来に向けた製品群のモデルチェンジに関するロードマップのなかで，各製品のデザインがどのように移り変わっていくべきかを戦略として構築し，その反映として個々の製品のデザインが位置づけられるように考慮してデザインされている。

②の企画段階は，具体的な個々の製品が計画される段階であり，商品企画が行なわれる。この段階のデザインプロセスはデザイン企画とよばれ，商品としての企画に基づいて，デザインにあたっての方針や目標の設定が行なわれ，それらを

図1.1　アドバンスデザインの例

第1章　プロダクトデザイン

わかりやすく表わすものとして**デザインコンセプト**（design concept）が作成される。デザインコンセプト作成にあたっては，市場やユーザーなどの調査が欠かせない。調査によって得られた情報から，その製品のデザインにおいて表現すべきイメージやユーザーのニーズがコンセプトとして示され，以後の具体的な製品デザイン行為においてつねに意識されるべき方針となる。自動車デザインの場合，製品の基本的な機能は移動にあるが，移動の目的は世代や文化によってさまざまである。また使用される環境も世界的に大きく異なるため，各仕向地におけるユーザーのライフスタイルや使用状況などを調べ，それぞれの状況に合わせたデザインコンセプトを作成する必要がある（図1.2）。自動車はどこの国においても高額商品であり，価格と品質の問題や付加価値なども重要で，それらもデザイン企画において考慮されるべき重要な要素である。

　③の開発段階は，具体的な製品の案を作成し，製品として実現させる段階であり，デザインプロセスのうえでは**デザイン開発**（design development）とよばれる。具体的な形や処理，つかい方など製品の詳細に関するアイデアを展開し，検討を重ね，デザインが決定される。また，デザイン案を実際に製品にするためには機能的・技術的な問題を解決しなければならないことも多く，担当技術者との密接な協議や検討が不可欠となる。とくに自動車の場合は，人間が内部に乗り込んで移動するということから安全面での条件が非常に重要であり，機能や操作性，性能や耐久性など，満たさなければならない条件が厳しく，この検討に長い時間を要する。試作品を製作してテストを行なった結果から，デザイン案を変更

図1.2　ライフスタイルや使用状況が重要

する必要に迫られる場合も多い。一般的にはデザインという仕事に対してスケッチを描く，立体物を作成するといった，造形的な行為のイメージが強いと思われるが，実際にはより多くの時間を技術的な問題の解決に費やさなければならないというのが実情である（図1.3）。

④の製造・販売段階は，開発の完了した製品を実際に工場にて製造し，販売する段階である。この段階におけるデザインプロセスは**デザインフォロー**（design follow）とよばれており，製品を製造し販売するにあたって関係の各部門を支援するという役割となる。デザイン行為自体は基本的には開発段階で終了しているが，実際の製造現場では新製品の製造がスタートしてから軌道に乗るまで，さまざまな問題が露呈する場合が多い。とくに自動車のように部品点数が多く複雑な製品の場合は，製造時の加工方法や組み付け性などに関する問題が発生しやすい。そうした場合に必要となる設計変更に際し，デザインに影響する部分をどのように修正するかが重要となり，デザイン的な完成度やイメージを損なわないように対応する必要がある。また，販売にあたってはさまざまな媒体を通してプロモーションが行なわれるが，とくに自動車の場合は高額商品であることから宣伝も大規模に行なわれることが多く，どのような広告戦略を打つかに関してデザイン部門も積極的に関与し，ブランドや製品のイメージを適切に表現し管理することに配慮する必要がある。

図1.3　開発過程では多くの時間を検討や調整に費やす

第1章　プロダクトデザイン　　71

1.2 プロダクトデザインの要素，条件

　上記のデザインプロセスを踏まえ，プロダクトデザインのなかで扱われる要素や条件について述べる。企業における製品開発に際し，デザインの立場で扱う事項として，大別すると以下のような項目がある。

- 企業活動としての要求（収益やコスト，マネジメント，ブランディングなど）
- 社会的役割や責任（コンプライアンス，環境負荷，文化的役割など）
- 市場や業界の動向（マーケティング，プロモーションなど）
- ユーザーの要求や満足度（ライフスタイル，ユーザビリティなど）
- 製品の機能や仕様（要求仕様，安全性，品質など）
- 工学的・技術的知識（利用技術の理解と適用）
- スタイリングなどの造形表現（製品の魅力づくり）

　このように，デザイン業務において考慮すべき事項は非常に多岐にわたる。これらすべての項目についてひとりのデザイナーが適切に対処するためには，多くの経験と知識，十分なスキルが必要であり，経験の浅いデザイナーには困難である。とくに自動車デザインでは，その要素となる部品それぞれが1つの製品とみなすことができ，それらが集まって1つの製品となっている総合的な製品であるため，個々の要素に高い完成度が求められる。たとえばホイールやハンドル，カーオーディオ，カーナビゲーションなどは，個別に販売される製品としても市場が存在しており，自動車の装備品として一体でデザインされるものでありながら，個々の製品をデザインすることに等しい。このことからわかるように，自動車デザインは総合的な製品として複数の製品デザインを同時に進行するものであり，かつ全体としてのまとまりや連携性も要求される。複数人のグループで担当するとしても，その難しさが推測できるであろう。

　また，デザインのようにアイデア発想を伴う創造的な業務の場合，計画的な遂行が難しい側面がある。デザイナーという職種が確立していなかった創成期には，デザイナーは芸術家に近い存在とみなされており，デザイン作業に必要な工程やスケジュールの管理が曖昧となるような傾向があったことは否定できない。しかしデザイナーも企業内において製品開発を担うメンバーの一員である以上，組織内で他部門と協調しながら効率的に開発を遂行するためには，デザイン作業の基準やルールづくりといった，業務の標準化が必要である。この問題に対処す

るため，従来のデザイン現場ではデザインのガイドラインやマニュアルなどを作成し，それらに基づいて効率的に業務を進めようとする試みがされてきた（表1.1）。これらのデザインガイドラインの項目は，確かにデザイン業務を効率的に行なううえで一定の指針にはなりうるが，今日のデザイン業務は扱うべき事項が従来に比べて一層拡大しており，表に示したような項目だけでは今日のデザインに要求される事項を網羅しているとはいいがたい。また，デザインプロセスで述べたように，デザインはプロセスの各段階において業務の内容が変化していくため，ガイドラインの内容もプロセスの段階によって取り上げるべき項目が異な

表 1.1　デザインガイドラインの例（参考文献 2 に基づき再構成）

分類	標準化項目例	内　容
デザイン方針	デザイン理念（フィロソフィー）	経営理念をデザインに反映した，デザインの根底にある根本的な方針
	デザイン指針	デザイン関連の継続して一貫した方針
	デザインメッセージ	デザイン的観点から社会に発信する方針
デザイン表現や仕様	ロゴタイプ	企業，ブランド，商品シリーズなどを図案化した文字
	シンボルマーク	企業，団体，意味を象徴する記号または図案のこと
	デザインイメージ	目指すべきデザインイメージ
	デザインパターン	代表的なデザイン表現例
	スタイリング	目指すべきスタイリングの方向性の提示
	カラー，テクスチャ	カラー，テクスチャ，マテリアルのガイド
	コントロール，インタフェース	操作部におけるデザインのガイド
	アイコン，図記号	アイコン，図記号，表記方法などのガイド
デザインプロセスや手法	デザインプロセス	デザインの手順のガイド
	デザイン手法	デザインの手法，やり方，進め方のガイド
	テンプレート，シート	デザイン関連の仕様を記述するための共通のフォーマットや書式
	デザインドキュメント	デザインに関する資料を集めた資料集
デザイン関連の対応	安全・安心の対応	法令対応も含めて，安全・安心への対応指針
	環境への対応	法令対応も含めて，環境への対応指針
	アクセシビリティへの対応	法令対応も含めて，アクセシビリティへの対応指針
	ユニバーサルデザインへの対応	ユニバーサルデザインという視点での対応指針

第 1 章　プロダクトデザイン

る。それらの問題に対処するためには，単純に表の項目を増やしていくだけでは限界があり，デザイン業務において扱う多様な要素についての新たな構造化手法が望まれる。

1.3　多空間デザインモデルによる構造化

　プロダクトデザインを実施するにあたって，適切なコンセプト設定やアイデア展開を行なうためには，取り扱っている複雑な要素や条件を整理し，問題状況などを明確化して発想を促すために，構造化による理解が不可欠である。その手法として，これまでは **KJ 法**（KJ method）や **NM 法**（NM method）などによる定性的な構造化手法，あるいは**因子分析**（factor analysis）に代表されるような**多変量解析**（multivariate analysis）による定量化手法などが用いられてきた。上述のデザインガイドライン作成も，広い意味でそうした構造化の試みの一部とみなすことができるが，扱うべき情報が拡大するなかで，手軽で効率的な構造化手法はデザインの現場において一段と重要になっている。そのような状況において，多空間デザインモデルは新たな構造化手法の1つとして提案されている。多空間デザインモデルの手法に関する説明は他章にゆずり，本章では自動車デザインを対象事例として取り上げ，この手法に従ったプロダクトデザインの構造化の有効性を検討する。

　デザインプロセスにおいて，従来の教科書的なセオリーでは，デザイナーがまず考えなければならないのは製品の使用者であるターゲットユーザーの属性や使用状況の設定と，そこから導かれるデザインコンセプトである。しかし実際のデザイン業務では，デザイン発想のきっかけとなる要素は多様である。造形的なイメージから発想することもあれば，製品に盛り込む新機能から考える場合もあり，使用素材の選択から考える場合もあって，製品開発を取り巻く状況により，さまざまな切り口から対象物のデザインに取り掛かることになる。アイデア発想はできるだけ柔軟に，断片的な要素からイメージやアイデアを自由に発散させていくことが重要であり，セオリーどおりが正しいとは限らない。最終的にはすべての条件を網羅してデザイン案をまとめるべきであるが，発想の手がかりや検討の順序はできるだけ自由であることが望ましい。

　多空間デザインモデルにおける M-BAR では，第1のステップとして，キー

ワード，スケッチ，写真など複数のアプローチから対象物のデザイン要素の抽出を行なう。この際に用いられる方法には柔軟性があり，直接キーワードとして書き出す場合もあれば，**アイデアスケッチ**（idea sketch）を先行させ，スケッチの過程で発想されてきた要素を記述することもある。また，写真などの観察によって見いだされる要素もある。自動車デザインの場合，たとえばインテリア空間の雰囲気に関するキーワードが言葉で生まれてくることもあれば，スケッチを描きながら製品のフォルムに表わしたい造形的な特徴要素が出てくることもあるであろう。ユーザーの使用状況の写真や動画から，機能の改善点を発見する場合もある。この段階で重要なことは，できるだけ多くの要素を抽出することである。そのようにして取り上げられる要素は，その対象範囲，概念レベル，実現性などを考慮して考えているわけではないため，混沌とした言葉の集まりであるが，自由な発想のためにはそのほうがむしろ望ましい。この段階では，できるだけ多くの雑多な要素のキーワードを抽出，収集して，以後のステップに用いる素材集めを行なうことが重要である。抽出された要素群は，属性，状態，意味，価値の4つの空間の種別に当てはめて配置される。この空間の定義と分類が，本手法の核心であるといえよう。要素群をそれぞれ該当する空間にあてはめることによって，要素が構造化されていく。プロダクトデザインは機能をもった製品が対象であるため，属性に関する要素が抽出されやすい傾向にあるが，最終的なユーザーの価値判断までの各空間にバランスよく要素が配置されるように配慮することで，広範囲で多様な事項が検討されることになる。

　第2のステップでは，多空間に配置された要素群のグルーピングが各空間内で行なわれる。このプロセスは，ステップ1で抽出された要素群をクラスタ化し，共通的な上位概念を発見することに意味がある。KJ法に近い方法であるが，KJ法と異なるのは，ステップ1においてすでに要素項目の空間分類が行なわれているため，クラスタ化や上位概念の解釈が容易になっている点である。多空間への分類は要素の階層化に等しいが，そのなかで要素をクラスタ化して解釈することで2次的な階層を構築することになり，比較的容易に，より立体的なデザイン要素の構造化が進むことになる。また，この段階の作業と並行してスケッチ作業（図1.4）などの発想を行なうことで，新たな要素の掘り起こしと追加が行なわれるため，相互作用がもたらされて構造化は一段と深められていく。自動車デザインでは，自動車という道具が用いられる目的がニーズによって多様に存在し，ま

第1章　プロダクトデザイン　　75

図 1.4 途中段階で描かれるスケッチの例

た移動を前提とするため使用される環境も多様であることから，多くの並列的な項目が同一空間上に存在することになる。複雑な製品であるため，技術的な要素や機能の要素も数多い。したがって，それらを適切にクラスタ化することが構造理解には欠かせない。

　ステップ3では，要素間ならびにクラスタ間の関係づけが行なわれる。この段階は基本的な構造化の完成であると同時に，構造化によって得られた理解に基づいてアイデア発想が促進される段階である。本手法では構造化とアイデア発想を並行して進めることを特徴としているため，両行為のフィードバックループによって双方が促進されることが期待できるが，この段階で作業の軸足は構造化よりも発想のほうに移ることになる。自動車デザインに限らず，デザインでは多くの条件が相互作用的に結びついていることが常であるが，とくに自動車デザインでは操作性と安全性のように項目間がトレードオフの関係になっているなど，関係が複雑で深刻な結果を招く可能性もある。そのため，要素間あるいはクラスタ間がどのような関係で結び付いているかについての理解が非常に重要である。また，構造化は俯瞰的に問題状況を眺めることを意味するが，個々のデザイン案の展開という具体的でミクロな視点と，全体構造に関するメタ的でマクロな視点を行き来することによって，デザイナーの発想過程に新たな気づきをもたらす効果が期待される。

ステップ4で行なわれるのは，いったんステップ3で完成した関係構造の再検討と要素の追加である。上述したように，構造化とアイデア発想やスケッチなどによる視覚化が並行しているため，構造化の再検討はつねに行なわれる余地があり，そのことによって有機的で柔軟な発想が生まれることが期待できる。ステップ3で得られた構造は，新たな要素を加えることによって構造そのものの解釈が変わったり，要素間の関係が異なる意味にとらえ直されたりする可能性がある。つまりデザイン案の展開は固定化された構造理解のうえで進むのではなく，構造自体の変化を伴う。並列的に各空間の要素の関係を最適化させる方向で，この過程をくり返すことによってデザイン解の収束へ向かって進み，最上位にある価値空間において新たな高い価値が見いだされたときがデザイン案および構造理解の完成である。ステップ4の最終段階において，属性や状態で記述された特徴は，並行して進められたスケッチなどによって具体的に表現されたものとなっている。自動車はとくに感性的な価値が重視される製品であり，造形的な魅力などの，製品に対する感性的な要素やイメージの表現は言葉のみによる記述では限界があるが，関係構造の言葉による記述とスケッチなどによる表現行為が並行して進められることによって，相補的に理解や共有が得られやすくなる。

1.4　デザイン事例

　以下では具体的なデザイン事例をあげ，多空間デザインモデルによってどのようにデザインプロセスが実践されるかを示す。テーマは今後の日本への海外観光客の増加を前提とした，新しい観光のあり方を提案する自動車である。はじめに，イメージ写真（図1.5）やキーワードから要素を抽出した。また，初期に**サムネイルスケッチ**（thumbnail sketch）も描き，そこに表現された要素なども抽出していった。これらの要素を当てはまる空間に配置した。「今までにない体験」「知らなかったつかい方」「見たことがない形」「観光アシスト」「一人乗り」「アクティブな女性」「自由気まま」「コンパクト」「インホイールモーター」「室内空間の快適さ」「十分なトランク」「ワクワク感」などがあげられた。ステップ2では，これらの要素のグルーピングを行なった。「機動性」「積載性」「ICT」「駆動」「電池」「構成」「車体」などのグループがまとめられた。ステップ3ではそれらのグループ間や要素間の関係づけを行ない，全体構造を完成させた（図1.6）。

図1.5　外国人観光客の増加に向けたデザイン

　多くのグループが，複数のグループと結びつき，複雑な関係が存在していることがわかる。また，ステップ2およびステップ3においても，アイデアスケッチを並行して行ないながら随時要素の追加を行なっている。「インホイールモーター」「立ち乗り」「広い視界」などの要素が追加されている。この段階ではアイデアスケッチの比重が高まり，完成した関係構造を俯瞰しながら，その理解に基づいてさらにスケッチによるアイデア展開を進めた。ステップ4では，アイデア展開の進行に伴って増加した要素の追加や，それに伴う関係構造の解釈の変化によって，いったん完成した全体構造に修正を加えながら，並行してアイデア展開を進めた。構造の修正や再構築とスケッチによるアイデア展開は双方向的に行なうことで，相乗効果によってデザイン案の収束に向かって進んだ。

　最終的に完成したデザイン案を図1.7に示す。軽自動車の半分のサイズとコンパクトにすることで旧市街などの道幅の狭い観光地を隅々まで周ることができる。また座席の位置を高くすることで軽く腰かけた姿勢になり，移動中の乗り降りがしやすく，細かな観光スポットに立ち寄りやすいと同時に，高い視点で景色が眺めやすい。

1.5　まとめ

　冒頭に述べたように，プロダクトデザインの対象物は複雑な多くの要素で構成されているため，デザイン対象の全体構造を理解することが難しいと同時に，そ

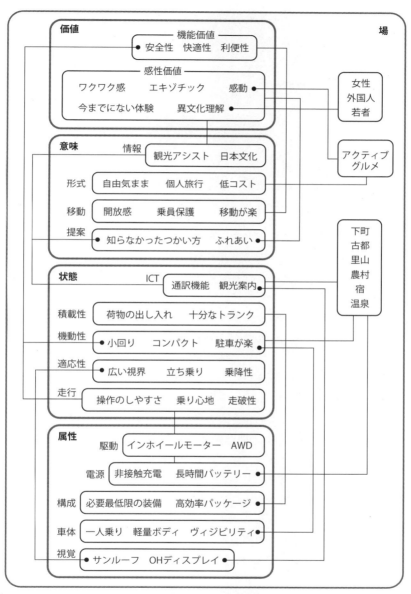

図 1.6 作成された要素間関係図

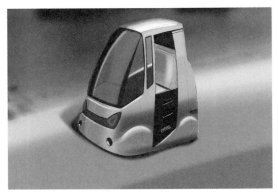

図 1.7 完成したデザイン案

の構造を把握し理解することが非常に重要である。かつての狭義にとらえられていたデザイン観では，外観を向上させ，製品の商品性を高めることがデザインの業務だと思われていた。しかし今日，デザイン思考という言葉の流行に代表されるように，あらゆる創造的な行為にはデザイン的要素がかかわるという認識が確立しており，そのことは逆に見ればデザイン業務の対象は製品にまつわるあらゆる事象に及ぶというである。したがってデザイナーが扱うべき問題要素は非常に多岐にわたり，いかにそれらの要素群を正確に把握し，またいかに要素間の関係を適切に扱うかがデザインの成否に大きくかかわるということは明らかである。

　オズボーン（Alexander Faickney Osborn）や川喜田二郎の時代から，定量的方法，定性的方法ともに，歴史的に多くの発想法や構造化の手法が考案されてきたが，上記の時代状況のなかで，問題要素や状況の構造化手法の重要性は一層高まっている。多くのプロダクトデザイナーが，仕事の対象領域の拡大に対処できずに苦慮している現実がある。しかもデザインの実務現場では，いかに手軽で短時間に実践できるかが重視されるため，多変量解析のような定量的手法はなかなか定着しづらいのが実情である。本章のなかで確認してきたように，多空間デザインモデルによる構造化がプロダクトデザインの構造化手法として有効性が認められ，今後のデザイン現場で実際に活用されていくことが期待される。

（佐藤弘喜）

参考文献

1) 松岡由幸他：M メソッド　多空間のデザイン思考，近代科学社（2013）
2) 日本インダストリアルデザイナー協会：プロダクトデザイン　商品開発に関わるすべての人へ，ワークスコーポレーション（2009）
3) 日本インダストリアルデザイナー協会：プロダクトデザインの基礎，ワークスコーポレーション（2014）
4) 釜池光夫：自動車デザイン 歴史・理論・実務，三樹書房（2010）
5) 石渡邦和：自動車デザインの語るもの，NHK ブックス（1998）
6) 川喜田二郎：発想法，中央公論社（1967）
7) 吉田武夫：デザイン方法論の試み　初期デザイン方法を読む，東海大学出版会（1996）
8) ティム・ブラウン（千葉敏生訳）：デザイン思考が世界を変える，早川書房（2010）

第2章
システムのデザイン

　製品やサービスなどのシステムをデザインする際には，そのライフサイクル全体を考慮したうえでアーキテクチャを定義することが重要となる。そして，このプロセスの最初に行なうべきことはコンセプトを定義することである。そこでは，問題空間の定義を行なうなかで，利害関係者の抽出とそのニーズと要求を把握し，解決策を探索することとなる。そのなかで基本アーキテクチャを導出し，とくに対象となるシステムの重要な特性に必要な構成要素を特定する。そして，システム要求定義，アーキテクチャ定義，設計定義のプロセスを経て，システム全体と整合するシステム要素の定義まで行なうことが，システムデザインである。この一連のプロセスを進めるうえでシステムモデルを記述することにより，トレーサビリティを確保した形で，段階的に詳細化することが可能となる。本章では，システムモデリング言語 SysML を用い，モデルに基づくシステムズエンジニアリングのアプローチを示すとともに，多空間デザインモデルによるデザイナーの考え方との照合を示している。

2.1　デザインの対象としてのシステム

　デザインの対象とする製品やサービスなどの**システム**（system）は，「1つ以上の定められた目的を達成するために編成された相互作用する要素の組合せ」と定義することができる[1,2]。このシステムは，機械，電気などのハードウェアのみならず，ソフトウェア，人，設備などの要素からなる。デザインされるシステムは，コンセプトを検討する段階から，開発，製造，運用，保守，廃棄にいたる**ライフサイクル**（life cycle）ステージをもち，それぞれのステージでデザイン対象のシステムを実現するために必要となるシステムが存在する。

　たとえば，自動車に搭載されている内燃エンジンは，さまざまな環境規制が課せられ，今や，機械工学の学問のみで実現することは難しく，きわめて複雑なシ

82　第2部　多空間デザインモデルの応用領域

ステムとなっている。このエンジンシステムをデザインし開発し実現する過程で
は，エンジンテストベンチ上での試験がくり返し実施され，燃費性能や排ガス性
能の適合，テストが行なわれる。すなわち，エンジンテストベンチはエンジンを
実現するために必要となるシステムということができ，そして，このエンジンテ
ストベンチシステムをデザインする必要性が生じることになる。

　こうしたシステムを実現するうえで，デザインはきわめて重要な役割を担う。
システムのライフサイクル全般にわたり，計画した QCD（Quality：品質，Cost：
コスト，Delivery：納期）を守って成功裏にシステムを実現することは容易なこと
ではない。これを成し遂げるためのアプローチとして，1990 年ごろから IN-
COSE（International Council on Systems Engineering）を中心として体系化された
システムズエンジニアリング（systems engineering）[1] がある。近年では，製品
やサービスの複雑度はきわめて高くなってきたため，これまでの文書を中心とし
て進める開発方法から，システムのモデル記述を用いて開発するアプローチに置
き換わりつつある。このなかで，とくに**アーキテクチャ**（architecture）[3] を定義
することがシステムズエンジニアリングの初期の段階で重要となる。

2.2　システムデザインのなかでのアーキテクチャの位置づけ

　デザインするシステムを最初に検討する段階では，**コンセプト**（concept）を
定義することが重要となる。企業体では，これからビジネスとして成立させよう
とする製品やサービスに関して，正しく問題と機会をとらえて対処する必要があ
る。そのうえでコンセプト，すなわち概念を定義する過程では，まず検討しよう
とするシステムに関連して，そこにどのような問題があり，またどのような利害
関係者が存在するのかを抽出する。いわゆる問題空間の定義を行なう。そして利
害関係者ニーズを獲得し，要求分析により利害関係者要求を定義し，ここからシ
ステムの基本となるコンセプトを導き出す。コンセプトを定義する際には，基本
となるアーキテクチャを検討することまで求められる。

　この基本アーキテクチャにより，技術的なリスクがないか，あるとしたらシス
テムの実現に向けてどれだけのリスクとなるかを明確にする必要がある。さもな
ければシステムは実現しないからである。基本アーキテクチャのなかには，その
システムの特性を発揮するためにきわめて重要なコンポーネントを含む可能性が

第 2 章　システムのデザイン　　83

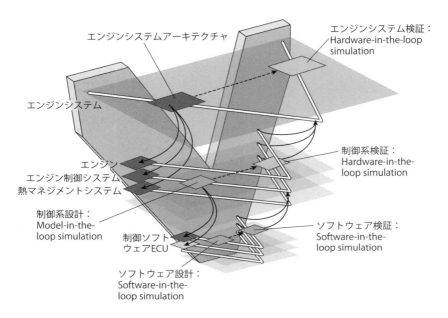

図 2.1　特定の製品開発プロセスを表わす 2 元 V 字モデル

あり，このコンポーネントが実現されなければ，システム全体として，利害関係者から望まれている機会をとらえることができないことになる。

図 2.1 には，エンジンシステムを 1 つの事例として，製品の階層的な分解に基づく開発プロセスを示している[4]。この図は，開発対象とする製品の分解と統合を表わす垂直方向の「**アーキテクチャ V（architecture vee）**」と，システム，サブシステム，コンポーネントのそれぞれの開発プロセスである，要求分析，アーキテクチャ定義，設計仕様の決定，製作，検証，妥当性確認を表わす水平方向の「**エンティティ V（entity vee）**」（図 2.2）とを同時に表わす **2 元 V 字モデル（dual vee model）** である[5]。

図 2.2 のエンティティ V では，先に述べたコンセプトの検討段階を経て，左上の利害関係者要求から V 字が開始されていることを表わしている。**システム要求（system requirements）** の定義，機能アーキテクチャ，物理アーキテクチャを正しく導く必要があり，そのためには，くり返しこれらの関係性が正しいことを検証することが重要である。そのうえで，次の設計定義プロセスでシステムを構

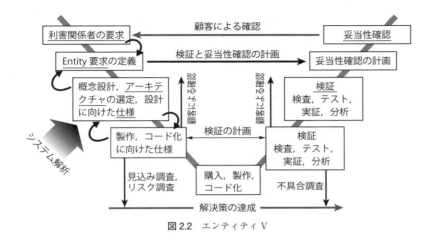

図 2.2　エンティティ V

成する実装可能なサブシステムを定義することができる。いわゆるシステムデザインの完成はこの段階までとなる。その要求に従ってつくられて検証されたサブシステムをアセンブルすることでシステムを統合し，システムとしての検証を行なう必要がある。なお，サブシステムとコンポーネント間の関係性は，ここまでに述べたシステムとサブシステムの関係性と同様となる。効率的でない検証，システム統合時になってからの摺り合わせ，QCD を守ることを困難にする致命的な手戻りなどによる開発の失敗を防ぐためには，図 2.1 のような製品の階層的な分解に基づき開発プロセスを検討しておくことが重要である。

　アーキテクチャを決定するまでの過程では，システム解析によるトレード分析と評価を行なうことが重要である。利害関係者のニーズなどから要求を分析する際には要求のトレード分析と評価を行なうこと，そして要求の妥当性確認を早い段階で行なうことが求められる。また，機能アーキテクチャを導く機能の分析の際は，機能のトレード分析と評価を行ない，この段階で機能の検証を行なうことが求められる。さらに機能を構成要素に割り当てて物理アーキテクチャを決める総合の際には，設計のトレード分析と評価を行ない，この段階で設計の検証を行なうことが求められる。このように段階的に詳細化を進めることが**トレーサビリティ**（traceability）の確保には重要である。

　上述の要求分析により，利害関係者ニーズ，利害関係者要求，システム要求を決定した際には，統合されたシステムをどのように検証し，妥当性確認をとるか

をあらかじめ計画しておく。また，システムが規定され仕様が決定した段階で
は，アーキテクチャに基づく検証の計画を行なっておくことが重要である。こう
することにより，たとえば検証で必要となるテスト装置の準備をあらかじめ行
なっておくことができるようになり，また，そこで何をテストしなければならな
いかを定義しておくことができるようになる。

なお，図 2.2 には，検証方法である解析およびテストとして用いられる MIL
（Model-in-the-loop），SIL（Software-in-the-loop），HIL（Hardware-in-the-loop）シミュ
レーションまたはテストを割り付けている[4]。これらのシミュレーションまたは
テストの実施は，製品やその要素を検証し，妥当性確認をとるためにきわめて重
要である。この実施のためには，シミュレーションモデルが必要となるが，どの
部署がどこまでのシミュレーションモデルを作成しようとするのか，あるいは，
テスト装置として何を準備する必要があるのかを十分に検討しなければならな
い。このようなエンジニアリング活動を明確に決めるために次に述べるシステム
モデルが重要な役割をもつ。

2.3　モデルによるシステムの記述

システムを規定し，アーキテクチャを定義するなかで，システムを記述するこ
とが求められる。この記述の方法の 1 つに文書による記述があるが，対象とする
システムの規模あるいは複雑度が大きい場合，記述された文書を理解することが
困難となることが懸念される。このため，モデルを活用することの重要性が指摘
され，2006 年に**システムズモデリング言語**（systems modeling language；SysML）[6,7]
が発行された。SysML は，構造，振る舞い，要求，パラメトリック制約の 4 つ
の柱でシステムモデルを記述することを特徴とする。そして，システムをデザイ
ンする過程で，システムモデルの記述を段階的に詳細化していく過程は，トレー
サビリティを確保するうえでもきわめて重要となる。

SysML で用いるダイアグラムの分類を図 2.3 に示す。SysML ダイアグラムに
は，パッケージ図，要求図，ユースケース図，シーケンス図，アクティビティ
図，状態機械図（ステートマシン図），パラメトリック図，ブロック定義図，内部
ブロック図の合計 9 種類のダイアグラムがあり，このなかで，ユースケース図，
シーケンス図，アクティビティ図，状態機械図（ステートマシン図）はシステム

86　　第 2 部　多空間デザインモデルの応用領域

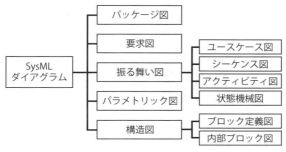

図 2.3 SysML ダイアグラムの分類

の振る舞いを表わすダイアグラム（振る舞い図）で，ブロック定義図，内部ブロック図はシステムの構造を表わすダイアグラム（構造図）である。

　パッケージ図は，記述したモデル要素をパッケージに収めることにより，モデリングプロセス，担当チームが参照するべきモデルの編成，あるいはダイアグラムによる分類などを表わすことが可能である。要求図は，テキストベースの要求と，他の要求，設計要素，テストケースとの関係を表わし，要求のトレーサビリティをサポートすることができる。

　ユースケース図は，目的を達成するために開発するべきシステムが外部システムとの関係のなかでどのように用いられているかを機能性として表わす。シーケンス図は，内部システムと外部システムの間，あるいはシステム内部のパート間でやりとりされるメッセージの順序を表わす。アクティビティ図は，入力，出力，および制御によるアクションの順序づけと，アクションによる入出力間の変換によって振る舞いを表わす。状態機械図は，イベントによってひき起こされる状態間の遷移に関するエンティティの振る舞いを表わす。

　パラメトリック図は，"$F = ma$" といった支配方程式などによる属性値に関する制約を表わすことが可能である。デザインに重要な仕様（たとえばデザインパラメータ）を決定するために実施するシミュレーションなどのエンジニアリング解析をサポートすることができる。

　ブロック定義図は，ブロックとよばれる構造的要素間の関係性を明確に記述できる。これによって，ブロック間のインタフェースが明確になり，機能アーキテクチャと物理アーキテクチャを表わすことができる。内部ブロック図は，ブロックのパート間の相互接続とインタフェースを表わすことができる。

2.4 モデルを用いたシステムアーキテクチャの導出

　SysML を用い，対象とするシステムのコンテキストの把握から，システムアーキテクチャを導くまでの手順を以下に示す。最初に，開発する製品やサービスなどの対象システムが，どのようなコンテキストで外部システム（アクター）と関係をもつかをユースケース図（図2.4）で記述する。そして，機能性を表わすユースケース（ここではユースケース2）を，相互作用を表わすことのできるシーケンス図（図2.5）を用いて記述することで，対象とするシステムが外部システム（ここでは外部システム3）に対してもつべき機能を明確にできる。対象システムのライフライン（点線）上にあるメッセージのやりとりは対象システムがもつ機能である。このようなシステムコンテキストの振る舞いの理解から，各外部システムとの相互接続を内部ブロック図（図2.6）で定義できる。対象システムがもつ機能をさらに検討するため，サブシステム1と2に分解できると仮定（図2.7）し，アクティビティ図によりシステム内部の振る舞いの分析をする（図2.8）。対象システムがもつアクションをサブシステム1と2に割り当て，これらのアクション間に流れるフローを定義している。ただし，図2.8 は，図2.3 のシーケンス図に対応して，外部システム3との関係性でシステム内部の記述をしている。さらに，アクション2-1 と 2-2 のサブシステム2-1 と 2-2への割り当てを再検討して得られた結果を図2.9 のアクティビティ図に示す。そして，アクション間に流れるフローを物理インタフェースに割り当てることで，図2.10 の内部ブロック図を得る。これにより，図2.6 に示される外部システム3とアイテムフロー3と4でつながる対象システムの内部の構造が明らかになった。

　これらのプロセスは一方的にトップダウンに進むのではなく，それまでに蓄積された物理要素に関する知見や制約などを考慮に入れる必要がある。すなわち，ボトムアップとの調停が必要となることに注意されたい。また，機能や性能のトレード分析と評価のためには，システム解析を実施する必要がある。ここでは示していないが，パラメトリック図がこれをサポートできる。この一連のプロセスによって，対象システムに対するトップレベルの要求は段階的に詳細化され，図2.11 のとおり，トレーサビリティがとれる形で，要求図として記述することができる。

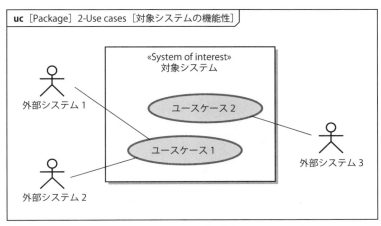

図 2.4　外部システムとの関連を示すユースケース図

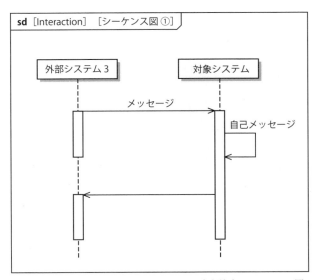

図 2.5　コンテキストレベルのユースケースを記述するシーケンス図

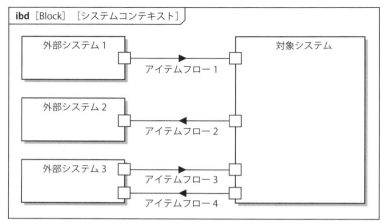

図 2.6　システムコンテキストを表わす内部ブロック図

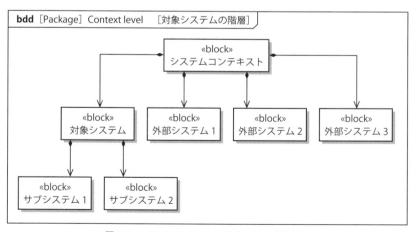

図 2.7　システムコンテキストのブロック定義図

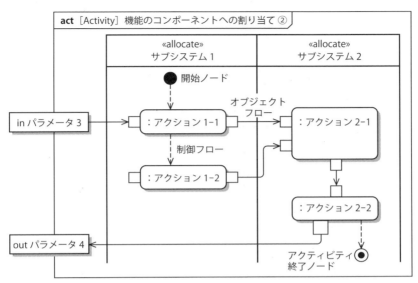

図 2.8　システム内部のアクティビティ図

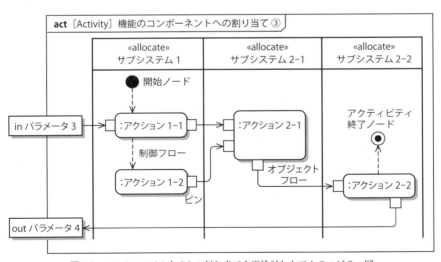

図 2.9　アクション 2-1 と 2-2 の割り当てを再検討したアクティビティ図

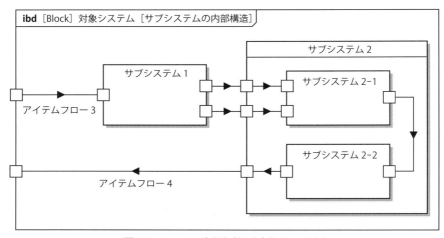

図 2.10　システム内部を表わす内部ブロック図

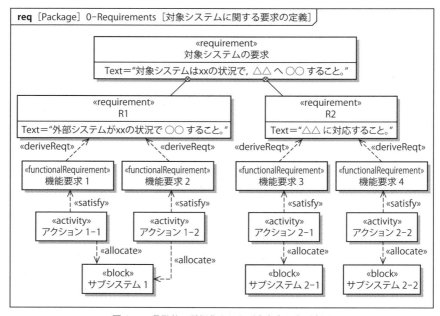

図 2.11　段階的に詳細化された要求を表わす要求図

2.5 システムコンセプトの定義からシステムデザインの完成まで

ここまでに述べたシステムズエンジニアリングのプロセスである，コンセプト定義，システム要求定義，アーキテクチャ定義，設計定義と，多空間デザインモデルに基づくデザインの上流から下流への過程（概念デザイン，基本デザイン，詳細デザインへの）の概念図[8]とを照らし合わせてみよう（図2.12）。多空間デザインモデルは，デザイナーがデザインをするときに考えるモデルを表わし，デザイン対象に対してユーザーなどが求める心理的要素の集合である心理空間と，デザイン対象がもつ物理的要素の集合である物理空間からなる。心理空間は価値空間および意味空間からなり，物理空間は状態空間と属性空間からなる。

まず，概念デザインでは，デザインの対象となるシステムについて，その価値を見いだそうとする価値空間は，利害関係者の抽出と利害関係者がもつ懸念やニーズを定義するプロセスに対応する。価値の意味を見いだそうとする意味空間は利害関係者のニーズと要求の関係性を定義するプロセスに対応する。たとえば，ユーザーがデザイン対象に提供してほしい機能，サービスおよびその状況が定義される。概念デザインでは，「問題空間の定義」が重要となり，それはデザイナーが所属あるいは関与する組織などがもつ戦略に依存する可能性がある。なお，デザインの最初の段階で実施する概念デザインでのコンセプト定義はけっして曖昧なものではなく，基本となるアーキテクチャを確定することが肝要であ

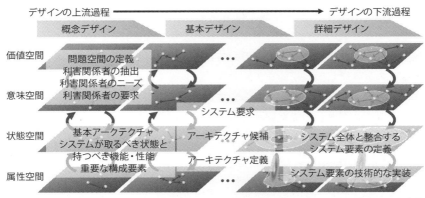

図 2.12 デザインの上流から下流への過程のなかでのシステムズエンジニアリングプロセスと多空間デザインモデルの関係性

る。図 2.12 の概念デザインで，物理空間を構成する状態空間および属性空間が関与していることがこのことを表わしている。そこでは，システムがとるべき状態ともつべき機能および性能と，そしてそれらをどのように実現するかを明確にするための物理的な属性とを決めておかなければならない。この段階での曖昧なデザインはその後の下流へのデザイン過程へ大きな影響を与えることに注意を必要とする[1]。

概念デザインまでに決められた基本アーキテクチャでは，デザイン対象であるシステムのもつ特徴づけがなされ，それを具現するために必要なシステム要素が明らかになる。これを受けて次の過程である基本デザインでは，システム要求の定義とアーキテクチャ定義がなされる必要がある。システム要求定義では，いわゆるシステム要求仕様書が成果物として得られ，アーキテクチャ定義では，いくつかの候補となるアーキテクチャからトレード分析と評価を経て，1 つのアーキテクチャに設定される必要がある。システム要求定義とアーキテクチャ定義の 2 つのプロセスは，反復が必要となる。概念デザインの価値空間と意味空間で定義された利害関係者のニーズおよび要求は，基本デザインではシステム要求に変換される必要があり，その際には，物理空間にある状態および属性空間で，システムの状態，機能，構成要素がアーキテクチャに基づいて定まることとなる。

最後の詳細デザインは，システムズエンジニアリングでは設計定義プロセスに対応する。基本デザインに該当したアーキテクチャ定義プロセスでは，設計に左右されることなく，利害関係者の懸念の理解とその解決策に焦点をあてている。このようにアーキテクチャ定義では「何を（what）」に重点を置くのに対して，設計定義プロセスでは，実現可能な形で設計をするために，「どのように（how）」に重点を置く。システムデザインの目的は，システムアーキテクチャとそれを構成するシステム要素の技術的な実装の間の連携をもたせることであり，詳細デザインで，システム要素で構成される全体としてのシステムのなかでシステム要素を定義することがきわめて重要となる。

2.6 まとめ ─読者へのメッセージ─

システムズエンジニアリングプロセスに基づき，システムのデザインについて述べるとともに，システムモデルの記述の重要性を強調した。また，デザインの

上流から下流への過程で多空間デザインモデルによるデザイナーの考え方を，システムズエンジニアリングプロセスと関連づけた。システムデザインを行なうデザイナーは，製品やサービスなどをシステム全体としてとらえたうえで，システムを構成するシステム要素の技術的な実装にまで配慮する必要があり，そのプロセスはデザイン対象のドメインに依存する。ここで示したシステムデザインは，ドメインに左右されない一般化された形で示しているため，自動車，航空機，コンシューマー製品それぞれの分野でテーラリングあるいはカスタマイズする必要がある。

　システムズエンジニアリングはエンジニアリング活動の広範囲にわたる領域に関係するため，ここで示したシステムデザインはその一部にすぎない。たとえば，製品は設計されたのち，製造，コード化，組み立てがなされ，統合後の検証，妥当性確認のプロセスがある。さらに，製品は運用され，保守がなされ，最終的に廃棄される。冒頭に述べたとおり，これらのライフサイクル全体を見通したなかでのシステムデザインの位置づけを忘れてはならない。

（西村秀和）

参考文献

1) Systems Engineering Handbook, A Guide for System Life Cycle Process And Activities, 4th Ed., International Council on Systems Engineering, 2015.
2) INTERNATIONAL STANDARD, ISO/IEC/IEEE 15288:2015, First edition, 2015-05-15
3) INTERNATIONAL STANDARD, ISO/IEC/IEEE 42010, First edition, 2011-12-01
4) 西村秀和（総監修）・藤倉俊幸（企画・監修）：モデルに基づくシステムズエンジニアリング，日経BP（2015）
5) Kevin Forsberg, Hal Mooz, Howard Cotterman：Visualizing Project Management, Third Edition, John Wiley & Sons, Inc.（2005）
6) OMG Systems Modeling Language（OMG SysML™）Version 1.4, OMG（2015）
7) Friedenthal, S., Moore, A., Steiner, R.：A practical guide to SysML: the systems modeling language [3rd ed.]. Amsterdam ; Boston : Morgan Kaufmann（2014）［システムズモデリング言語 SysML，西村秀和監訳，東京電機大学出版局（2012）］
8) 松岡由幸・宮田悟志：最適デザインの概念，共立出版，26（2008）

第3章

ソフトウェアのデザイン

　ソフトウェアは，人間が意思をもって制作する人工物である。ソフトウェアが一般の人工物とちがう特徴は，「動く」ことである。これは本質的な特性で，利用者側からだと「動作」という言葉に現われ，開発者側からすればプログラムの「実行」に相当している。コンピュータの動作原理は，アラン・チューリングやフォン・ノイマンといった偉人が基礎づけをした計算理論のうえに成り立っている。コンピュータの構成要素である演算，メモリ，入出力装置といったものは，抽象的に計算，記憶，通信といった概念に昇華させることができる。したがって，「ソフトウェアとは，抽象的機械である」というのが，本質的な特性を的確に表わしているといえる。自動車，ロボット，家電品などは，物理的に動く「機械」である。さらに，「抽象的」というところが重要である。ソフトウェアとは，物理的な制約を受けることなく，人間が自由に創造することができる概念構造体であり，言葉を換えれば，実行可能知識といえる。

3.1　ソフトウェアのデザイン行為上の困難さ

　人工物としてのソフトウェアは，抽象的機械であり，これをつくるための知見を探求するのが**ソフトウェアエンジニアリング**（software engineering）である。すなわち，デザインの世界でいえば，エンジニアリングデザインとして発展してきた。その取り組みは，ソフトウェアの本質的困難を解決していくことである。これは，ブルックス（Frederic Brooks, Jr.）の『人月の神話』[1]のなかで提唱されたものであり，ソフトウェア特有の，以下の4つの困難から構成される。

(1) 複雑性：　大きくて複雑なことそれ自身が問題であり，構成要素間の依存関係も規模が大きくなるほど非線形に増大していく。

(2) 同調性：　ハードウェアやネットワークなどさまざまなものと関係をもちつづけ，外部につねに同調（順応）しつづけなくてはならない。

96　　第2部　多空間デザインモデルの応用領域

（3）可変性：　最近のビジネス環境の変化は激しく，技術進歩も速いため，これ
　　らの変化に対応していくことが要求されている。
（4）不可視性：　ソフトウェアが複雑な概念の集積であることに起因して，それ
　　が目に見えないということである。

　ソフトウェアエンジニアリングの取り組みは，上記4つの課題に挑戦しつづけ
てきたといっても過言ではない。関数，モジュール，クラスといった記述言語上
の機構は，複雑性に対処するための1つの解決策である。プログラミング言語で
は，C++，Java，Ruby，Python などの手続き型の言語が普及してきているが，
クラウドコンピューティングが注目されてきたこともあって，独立した要素の並
行動作記述に向いている Lisp，Scala，Erlang といった関数型や並行プロセス言
語の重要性も増してきている。

3.2　ソフトウェア分野の取り組み

3.2.1　ソフトウェア開発技法

　表3.1 は，代表的な**ソフトウェア開発手法**（software development method）[2]
をまとめたものである。ここにあげたもの以外も多数あり，派生的なものまで入
れると数十種類に及ぶ。

　「構造型」は，処理対象のデータが複雑な構造をもっているもので，言語処理
や何らかのデータ変換を行なうものである。正規文法や計算の数学モデルである
オートマトン（automaton）などの理論面がしっかりしていて，実行単位ごとの
プログラム向きの手法である。

　「フロー型」は，企業情報システム（エンタプライズシステム）や業務支援シス
テムでよくつかわれているもので，データフローや制御フローを定義し，それを
起点にしてソフトウェアを開発するものである。

　「抽象型」は，オペレーティングシステムや通信，データベースなどのプラッ
トフォームやミドルウェアの世界でごく一般的に適用されている階層型（レイ
ヤー）設計で威力を発揮するものである。

　「モデル型」は，データ中心設計とかオブジェクト指向分析・設計法とよばれ
ているもので，データモデルや振る舞いモデルなどで実世界や問題領域のモデリ
ングを行ない，開発を進めるものである。

第3章　ソフトウェアのデザイン　　97

表 3.1 ソフトウェア開発手法の種類

分類	技法	原理	特徴	対象
構造型	ワーニエ法 下向き再帰的構文法 JSP 法	データ構造	オートマトン理論による裏づけ	実行単位としてのプログラム，コンパイラ，事務アプリケーション
フロー型	構造化設計法 複合設計法 実時間構造化設計(RTSA)法	データ/制御フロー	モジュールの独立性規準，実践的手法	問い合わせ型システム，情報システム，組み込みシステム
抽象型	階層化法（ダイクストラ法） 情報隠蔽法（パルナス法） データ抽象化（ADT）法	概念の抽象化	哲学・思想的	オペレーティングシステム，通信システム，データベースシステム
モデル型	データ中心設計（DOA）法 オブジェクト指向分析・設計法 JSD 法	静的/動的/記述モデル	原理主導，総合的	情報蓄積型システム，ウェブシステム，制御システム

ADT: Abstract Data Type, DOA: Data Oriented Approach, JSP: Jackson Structured Programming, JSD: Jackson System Development, RTSA: Real Time Structured Analysis.

ソフトウェアエンジニアリングで最も根源的な原理は**モジュール**（**module**）という概念であり，これに従って分析・構築を進めるデザイン活動を**モジュール化**（**modularization**）という。最初にこれを提唱したのはパルナス（David L. Parnas）である[3]。

プログラムを開発するためには，複数の人と分担して作業をしなくてはならない。この単位作業をモジュールとよぶ。

- 単位作業への分割には，「情報隠ぺい」と「関心の分離」が必要である。
- モジュールには，そこで行なわれる「設計判断」のための「責任」（機能の集合）が規定されなくてはならない。
- モジュールはさらに複数のサブモジュールで構成されることもある。

このモジュールの定義では，「人」「作業」「情報隠ぺい」「関心」「設計判断」「責任」といった言葉が現われていることから，組織的にソフトウェアを構築していくときの概念が凝縮されている。ここでいう「情報」というのは，設計上の意思決定のことである。ソフトウェアを開発する活動は，多くの意思決定の連鎖から構成されている。たとえば，ソーティングを行なうモジュールの場合，その

98　　第 2 部　多空間デザインモデルの応用領域

利用者はソーティング対象のデータを与え，結果として昇順に要素が並んでいるものが返ってくるということだけ知っていればよく，その実現方法は知らなくてよい。一方で，そのモジュールを実装する人は，変数の定義，アルゴリズムの選択，大小の比較方法などの一連の設計上の意思決定を行なっていく必要がある。モジュールの実現方法に関する意思決定は，モジュールの中に「隠ぺい」されることになる。

3.2.2 開発プロセス

1970年代に確立され，現在でも多くのプロジェクトで採用されている開発プロセスは，ウォータフォール型[4]を基本としたものである。仕様化（要求分析・定義）を行ない，そのレビューをしたのち，これを確定させ，以降，順次工程を進めていくプロセスである。一般に，中間成果物の固定化は，契約や会合などによって権威づけられたかたちで行なわれ，前工程での誤りが後工程にもち込まれると手戻り（フィードバック）を生じ，全体の工数も増加してしまうことになる。

この手戻りをともなう原理的な欠点を補うために，表3.2に掲げるインクリメンタル（段階的拡充），エボリューショナル，スパイラル，アジャイルなどのプロセスが台頭してきている。その理由は，今世紀に入ってからのインターネットの普及を契機として，ビジネス環境の変化が激しく，ソフトウェアを取り巻く状況が不確実になってきたからである。

3.2.3 アジャイルプロセスの台頭

デザインに時間軸を導入する**タイムアクシスデザイン**（timeaxis design）や∧∨

表3.2　開発プロセスの種類

開発プロセス	特徴
ハッキング	ひたすらつくる（超能力型）
ウォータフォール	フェーズ分割・レビュー
インクリメンタル	段階的開発
エボリューショナル	進化・発展型
スパイラル	リスクマネジメント
コンポーネント	再利用
フレームワーク	テーラメイド
ソフトウェアクリーンルーム	高品質（テストの代わりに証明）
アジャイルプロセス	変化への対応

第3章　ソフトウェアのデザイン　　99

モデル（lambda-vee model）を実践するための新たなパラダイムとして，**アジャ
イルプロセス**（**agile process**）がある。「アジャイルソフトウェア開発マニフェス
ト」[5]とよばれている以下の宣言がある。

(1) プロセスやツールの整備より，人の能力発揮とコミュニケーションのほうが
　　大切
(2) 読まれもしない文書作成より，動作するソフトウェアのほうが大切
(3) 契約や交渉ごとより，顧客との協調のほうが大切
(4) 計画遂行より，変化への対応のほうが大切

　これらは，エクストリームプログラミング（eXtreme Programming；XP）[6]の
提唱者であるケント・ベック（Kent Beck）をはじめ十数名の専門家・実践的開
発者が集まり，これからのソフトウェアづくりの基本的な価値観としてまとめた
ものである。アジャイルプロセスとよばれているものには，表3.3に示すように
多くの種類があるが，基本的な価値観は共有しており，従来のウォータフォール
型開発へのアンチテーゼという位置づけになっている。

　アジャイルプロセスの共通の考え方というのは，各種のコミュニケーションと

表 3.3　アジャイルプロセスの種類

名称	提唱者	説明
エクストリームプログラミング（XP）	Kent Beck	すべての原点
スクラム（Scrum）	Ken Schwaber, Jeff Sutherland	マネジメントにフォーカスした方法論
フィーチャー駆動型開発（FDD）	Jeff Da Luca, Peter Coad	古典的なくり返し型開発プロセスで，かつ，軽量
クリスタル（Crystal）	Alistair Cockburn	マネジメントにフォーカスした弱い方法論，ワイドスペクトラム方法（小規模から大規模）
適応的ソフトウェア開発（ASD）	Jim Highsmith	カオス適用理論（CAS）を用いたフレームワーク
リーンソフトウェア開発（LSD）	Mary Poppendiek	トヨタのカンバン方式（最小在庫＝ドキュメント）の原理応用
エクストリームモデリング（XM）	DMG-MDA など	検証実行可能なモデリング（ツール）を利用
マイクロサービス	Leonard Richardson, Sam Ruby	独立に構築・デプロイ（配布）できるサービスの集合体によって構築

確認とに重点を置いているところにある。たとえば，XP ではプログラミングを行なうときにペアプログラミングという2人でペアを組んで，お互いにコード記述しながらその場で確認していく方法をとる。テストファーストというプラクティスでは，仕様書を書く代わりにテストコードをプログラミングに先立ってつくるようにしている。インクリメンタルプロセスを採用し，2週間から1カ月程度のサイクルで実行プログラムを動作させて顧客の要求を確認していく方式をとっている。

「アジャイルソフトウェア開発のマニフェスト」の最後の項目の「変化への対応のほうが大切」というのは，昨今のビジネス環境やマーケット変化，競合他社の戦略などに対応していくようなことが要請されている。これは，外部の不確実性への対処といったほうが的を射ている。アジャイルプロセスで開発する場合に，発注側の利点は，仕様を変更したり，開発を中止したり，いろいろな選択肢をもてるところにある。これは，いわばキャンセル可能な航空券を購入するようなもので，このオプション価値分，工数が増え，価格も高くなるのが通常である。

また，アジャイルプロセスは，変化への対応の仕組みを直接もっているというより，インクリメンタルプロセスやユーザーとのコミュニケーションを通じて，明確になった事項から俊敏に開発をしていくという方法をとっている。

これらの考え方に従った，多くの実践項目（プラクティス）が提唱されており，モデル指向の手法，マイクロサービスとよばれる独立した並行機能（フィーチャ）の集合体によるアーキテクチャと開発プロセスなどが台頭してきている。これにともない，従来の方法論や品質指標なども，時間軸を配慮した新たな取り組みが要請されていくと思われる。

3.3　アーキテクチャの事例

3.3.1　実行可能知識の世界観

新たなパラダイムとして**知働化**（executable knowledge and texture）[7] がある。このコンセプトは，以下のように集約される。

- ソフトウェアとは，実行可能な知識の集まりである
- ソフトウェアとは，実行可能な知識を糸や布のように紡いだ様相である

- ソフトウェアをつくる／つかうとは，現実世界に関する知識を実行可能な知識のなかに埋め込む／変換する過程である
- ソフトウェアをつくる／つかう過程では，知識の贈与と交換が行なわれている
- ソフトウェアをつくることとつかうことの間には，本質的なちがいはない
- 様相／テクスチャとは，「動く，問題と解決の記述」のことである
- 「機能」を実現することから，顧客の「知識」をコンテンツ化し，実行可能にすることである

　従来のパラダイムでは，ソフトウェアがもたらす価値，ビジネスモデル，要求の発生プロセス，ソフトウェアの実行による実世界での認識の変化といった事項に対して思考停止していると考えられる。これはパラダイムシフトであり，従来の世界観や価値観は通用しない。ソフトウェアというのは，元来，実世界の問題を解決するものである。すでに解かれている同様の問題を何回も解きつづけるということなら，従来の工業的なパラダイムで済む。実際に，画面のレイアウトや入出力の仕様が決まったら，そのコードを書くことは手順化されているし，自動化も可能である。

3.3.2　時間軸の考慮

　ソフトウェア構築，あるいは，進化のプロセスを分析し，手法を構成していくためには，ソフトウェアを取り巻くコンテクストと**時間軸**（time axis；タイムアクシス）を明示的に扱うプロセスが必要になる。これをここでは**ΛＶプロセス**（lambda-vee process）[8]とよぶことにする。クラウス・クリッペンドルフ（Klaus Krippendorff）が『意味論的転回』[9]のなかで主張しているように，「デザイン」というのは将来について意思決定していく行為であり，「人間中心」の「意味」を扱う体系でなくてはならない。

　このソフトウェア開発プロセスとユーザーの認識プロセスとは接合した形で1つのフィードバックサイクルを構成する（図3.1右側）。利用者側から見れば，要求（R）を発したことにより，ソフトウェアの実現（I）が行なわれ，できあがったものを実行・テスト（T）することによってフィードバックが得られ，認識や意味（S）が修正される。一方，開発者側から見れば，提供したソフトウェアの実行・テスト（T）によって，ユーザーの認識を変化させ（S），それに基づく新たな要求（R）がフィードバックとして得られ，新たな実現・コード化（I）がなされる。開発者側のこのプロセスは，Ｖ字プロセスモデルとよばれている。この

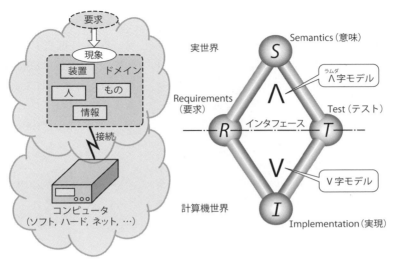

図3.1　ΛV（ラムダ・ヴィ）モデル

ような利用と開発との作用・反作用のダイナミックな関係性がこのモデルの本質である。

3.3.3 ソフトウェア・アーキテクチャという解

一般的な語彙の定義を IEEE 標準[10]では，「**ソフトウェア・アーキテクチャ**（**software architecture**）とは，コンポーネント，それら相互のまたは環境との関係，およびその設計と発展をガイドする基本原則によって具体化されたシステムの基本的な構造である」としている。一方で，一般用語（社会学）としての「アーキテクチャ」の定義は「規範（慣習），法律，市場に並ぶ，人の行動や社会秩序を規制するための方法」といわれている。おそらく，本来の意味は，IEEE の定義と社会学の定義との中間にあると思われる。

したがって，ソフトウェアは，社会や人間との関係性のなかで定義され，意味をもち，稼働していくものと考えられる。たとえば，業務世界にかかわるシステムを構築する際のソフトウェア・アーキテクチャの1つのパターン例は，図3.2 にあるように，実世界をシミュレーションする層と，個別にそのつどの状況によって提供すべき機能層とから構成されるようにすると安定した構造となる。

実世界モデルのプロセスが，実世界の実体と同期するインタフェースとなり，

このモデルプロセスと接続する形で，機能のプロセスが構築されていく．一般的に機能は，利用者側の認識の変化，ビジネスの変化によって不確実性が高い．図3.2 は，図書館システムのアーキテクチャを表わしているが，「図書」や「利用者」の存在は比較的安定しており，各種レポート出力のような機能は流動的である．図中の四角はプロセス（クラス）であるが，実装上は並行プロセスであり，このまま実行させるには，図書館ならば書籍の数（通常は数万）のプロセスインスタンスが必要になる．現在のクラウドコンピューティングや IoT（internet of things）の技術進化によって，このような膨大なプロセスインスタンスを扱うこともできるようになってきている．

こういった実世界の時々刻々と変化していくイベントや事象を自然な形で実装できるようになってきており，アーキテクチャとしての見通しもよくなってきている．とくに，今後，社会技術的なシステムが浸透してくると，人の動き，車や

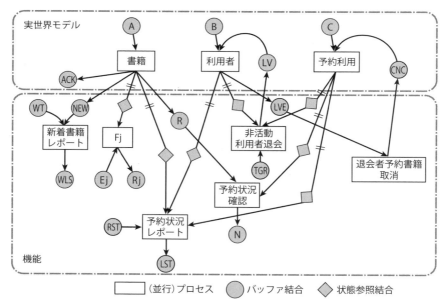

図 3.2 ソフトウェア・アーキテクチャ例

A, B, C：external event, ACK：Acknowledge, LV：Live, LVE：Live Erase, CNC：Connect, NEW：New, WT：Write Trigger, WLS：Write List, Ej：Event j, Rj：Report j, RST：Reserve Trigger, LST：List, TGT：Trigger, R：Reserve, N：Notice.

交通機関の動作を的確にシミュレーションし，制御していくことができるようになると期待されている。

3.4 多空間デザインモデルによる解釈

　ソフトウェア開発の難しさは，開発技術そのものが技術革新によって高度化・複雑化していくことだけでなく，図3.3に示すように，利用と開発というまったく独立した世界の両者にまたがるコミュニケーションを必要としているところにある。上部が利用の世界であり，下部が開発の世界である。ソフトウェアを開発する際の最も典型的な役割分担は，ユーザーとベンダーという区分けであり，ユーザー企業がどのようなソフトウェアを構築したいかという要求を設定し，それをベンダー企業が受注して，要求を満たすソフトウェアを実装することが多く行なわれている。

　多空間デザインモデルでは，価値，意味，状態，属性の分析・記述を進めていく。デザインに関する知識領域とソフトウェアのそれとは，その知識体系発祥の経緯もあり，表3.4に示すように言葉の用法にちがいがある。ソフトウェアの場合では，図3.3の実世界側に利用者から見た価値や意味があり，計算機世界側に開発者から見た状態や属性が位置づけられる。

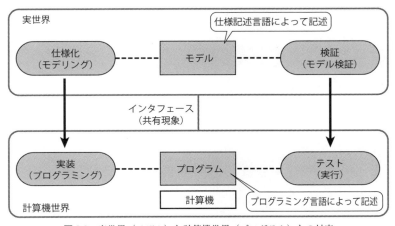

図3.3　実世界（モデル）と計算機世界（プログラム）との対応

表 3.4 多空間のソフトウェアエンジニアリングでの解釈（ソフトウェアエンジニアリングでの対応概念）

価値（Value）	ステークホルダーごとの意味・意義（トレードオフバランス）
意味（Meaning）	外部特性（機能，非機能要求）
状態（State）	システム・環境間の相互作用，内部特性
属性（Attribute）	プログラムコード，ソフトウェア構造，コンポーネント

ソフトウェアの品質特性の体系（Software product Quality Requirements and Evaluation）（ISO/IEC 25000：2014）[11] を例にとると，機能性・信頼性・使用性などの外部特性は利用者側から見え，開発者側と合意することができる特性であり，時間・資源効率性，理解容易性，モジュール独立性などの副特性（内部特性）は外部特性を満たす実装上の特性とみなすことができる。

ソフトウェアの世界は，1970 年代ごろより急速に規模が増大し複雑化したこともあり，組織的に人工物を構築するエンジニアリングデザインが先行し，近年になって，価値や創造性に関する取り組みが本格化し，インダストリアルデザインについても考慮するようになってきている。

3.5　おわりに

一般のデザインの対象となるものと，ソフトウェアのデザインとは，歴史的経緯を見ても今まであまり接点がない。また，概念・用語の互換性もない。デザイン科学の諸概念は人間や社会学との関連が強いのに対し，ソフトウェアの領域は数学と論理への帰着がなされるのが通例である。3.4 節で述べたように，「価値」「意味」「状態」「属性」といった基本的な用語の比較から分析していくことによって，両社の統合を進めていくことが期待できる。

ソフトウェアは，動作原理については，数学やコンピュータ科学に基礎づけられながら，1960 年代後半に産業として出現した。以降，コンピュータの劇的な進化によって，ソフトウェアの中心課題は規模や複雑性との戦いであり，組織的に役割分担して，迅速に社会的要請に応えるものを構築・維持するところにあった。プロジェクト規模として数百名の要員を抱えるケースも多い。

一方，ソフトウェアがソフトウェアであるゆえんは，柔軟に，自由に，新たな世界を生み出す創造性にある。デザイン科学は，ソフトウェアを主要な対象にしてはこなかったものの，この創造性については基礎づけが進んでいると思われる。

近年台頭してきているアジャイルプロセスは，ソフトウェア開発の原点回帰と
みなすことができ，ソフトウェアがもつ自由で創造的な局面に焦点を当てている
といっても過言ではない。言葉は異なるものの，価値指向や意味を重視した手法
が今後より注目をあびるようになるであろう。ブルックスの『デザインのための
デザイン』[12] では，ソフトウェアの創造的局面に対して，デザイン科学の知見
を参照し，チームによって組織的に創造的ソフトウェア開発に取り組む道を探っ
ている。

（大槻繁）

参考文献

1) Frederic P. Brooks, Jr.：*Mythical Man-Month / The Essays on Software Engineering, Anniversary Edition* [*Special Edition*], Addison-Wesley Professional, 8（1995）［フレデリック・ブルックス Jr.：人月の神話，ピアソンエデュケーション，11（2002）］
2) 飯泉純子・大槻繁：ずっと受けたかったソフトウェア設計の授業：構造化・モジュール化・仕様化の原理，翔泳社，8（2011）
3) David L. Parnas：*On The Criteria To Be Used in Decomposing Systems into Modules*, Communications of the ACM, Volume 15, No.12, 12（1972）
4) Winston W. Royce：*Managing the development of large software systems: concepts and techniques*, Proceeding ICSE '87 Proceedings of the 9th international conference on Software Engineering, 2987
5) アジャイルソフトウェア開発マニフェスト，http://agilemanifesto.org/, 2（2001）
6) ケント・ベック：XP エクストリーム・プログラミング（第 2 版），ピアソンエデュケーション，12（2005）
7) 山田正樹：知働化プロセス，知働化研究会誌 Vol. 1, 11（2011）
8) 大槻繁：実行可能知識のデザインプロセス，デザイン学研究特集号，JSSD, 19-4, No.76,（2012）
9) Klaus Krippendorff：*The Semantic Turn / a new foundation of design*, Taylor&Francis Group, LLC,（2006）［意味論的転回：デザインの新しい基礎理論，星雲社，4（2009）］
10) IEEE Std. 1471-2000：*IEEE Recommended Practice for Architectural Description of Software-Intensive Systems*, ソフトウェア集約システムのアーキテクチャ記述のための推奨指針，9（2000）
11) ISO/IEC 25000：2014：*Software Engineering – Software product Quality Requirements and Evaluation（SQuaRE）*（2014），/ 旧 品質特性 / 副特性 ISO09126
12) Frederic P. Brooks, Jr.：*The Design of Design: Essays from a Computer Scientist*, Addison-Wesley, 4（2010）［フレデリック・P・ブルックス Jr.：デザインのためのデザイン，ピアソン，12（2010）］

第4章

機械システムのデザイン

　本章では，著者が専門とするヒューマノイドロボットの身体メカニズムに関する技術課題を通じて，機械システムデザインと多空間デザインモデルの関係性を「つかむ」ことを目指す。まず，機械システムを定義し，その実現問題と問題解決の手順について概説する。そのうえで，ヒューマノイドロボットの身体メカニズム開発における機能分化と好適規模，ならびに不気味の谷とゲシュタルトについて論じ，不用意な付加設計ではシステムの機能を改善できないことを示す。さらに，多空間デザインモデルの「心理空間」と「物理空間」に双方向から強い制約が加わる事例として，ヒューマノイドロボットの機械インピーダンス制御に関する身体メカニズムのデザインプロセスを紹介し，「つかむ」技術でヒトを理解するという問題解決方法が必要不可欠であることを明らかにする。

4.1　機械システム

　システムという言葉から，何をイメージするだろうか。たとえば，太陽系，生態系，社会システム，物流システムなどを思いつくだろう。これらのさまざまなシステムには「多数の構成要素が有機的な秩序を保ち，同一目的に向かって行動するもの」という共通点がある。本章ではシステムのうち，人間がデザインしたシステムである，**人工システム**（artificial system），そのなかでも**機械システム**（mechanical system）を取り扱う。

　人工システムと多空間デザインモデルとの関係性を図 4.1 に示す。図の左側は多空間デザインモデル[1]で表わしたデザインプロセス，図の中央は4階層からなる空間を俯瞰して1階層に集約する「システム思考」のイメージ，そして図の右側は人工システムの概念[2]を示している。

　人工システムの概念図のなかで示したように，人工システムは次の①から④に

108　第2部　多空間デザインモデルの応用領域

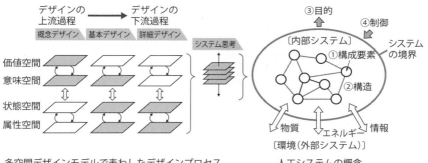

図 4.1 人工システムと多空間デザインモデルとの関係性［文献 2 より改変］

示す 4 つの条件によって定義される。すなわち、①構成要素から成り立っている、②構成要素どうしが連結された構造を備えている、③固有の使用目的をもつ、④外部から制御（コントロール）が可能である、ことである。これらの 4 つの条件をすべて可視化・言語化しなければ、エンジニアリングできない。

この定義において最も重要なことは「人工システムには固有の使用目的（人間の諸活動）があり、目的を達成するための機能を有する」ことである。つまり人工システムのデザインとは、図 4.2 に示すように「人間の諸活動」を「機能」として表現するために、図 4.1 におけるシステムの「**境界**（boundary）」と「**構造**」を定めることといえる。構造をデザインするには、その境界を合理的に定める（定義する）ことが大切であり、このことを怠ると議論が発散する。なお「目的」の意味は、「成し遂げようと目指す事柄。行為の目指すところ。意図している事柄」であり、「機能」の意味は、「物のはたらき、作用」である。本章では、機能と機能性を区別して扱うこととし、主たる「機能」に付加的な効果を備えたときの作用を「機能性」ととらえる。

図 4.2 はすでに説明に用いた「人工システムのデザインにかかわる代表的な要因」である。人間の諸活動を機能表現する行為が「システムの目的の具体化」であること、そのときに人的要因と自然法則の理解が必要であること、これらが経済の制約を受けることを示している。

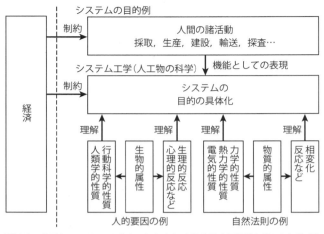

図 4.2 人工システムのデザインにかかわる代表的な要因［文献 2 より改変］

4.2 実現問題と問題解決の手順

人工システムの実現問題では，①システムのもつべき「機能性」を備えていること，②少ない費用で高い効果をあげる「経済性」を備えていること，③「信頼性と安全性」を備えていること，の 3 要件を考えなくてはならない[2]。これらは，必ずすべてを満たす必要があるが，一般的に互いに相反する傾向をもつ。機械システムのデザインは，このような状況のなかで，構成要素である「部品」の幾何学的な「形状」と「寸法」を「使用目的と**制約条件**（constraint condition）のもとで」決定することを最終目標としている[3]。

目的と機能が決まっても，扱うシステムが大規模・複雑であると，「経験的な方法」では「計画・実現・運用」が困難になる。そこで，それらを支援するための「科学的な方法」である**システム工学**（systems engineering）[*1]が用いられる。

システム工学またはシステム技術は，「システム思考」に則って創造の心得を組織化したものといわれる。ここで「システム思考」は，①目的指向の技術であ

[*1] 本書では，第 2 部第 2 章で述べた INCOSE により体系化されたシステムズエンジニアリングと差別化するため，Systems engineering を 2 種類の和訳で表記している。

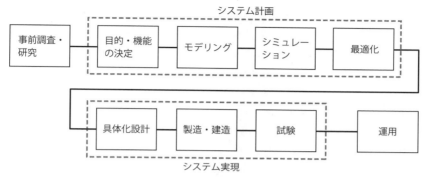

図 4.3 システム工学における問題解決の手順

ること、②固有技術の裏づけを有すること、③あらゆる工学的手法を用いること、の3つの理念を基礎としている[2]。この3つの理念に基づく「システム思考」を実現するために用いる定石が、システム工学のプロセスと技法である。

図 4.3 に示したこのプロセスは「問題解決の手順」などともよばれ、広く開発や設計などで用いられるので、読者にはぜひ覚えておいてほしい。問題解決の手順は左上に示したブロック内の事前調査・研究のプロセスから始まる。目的・機

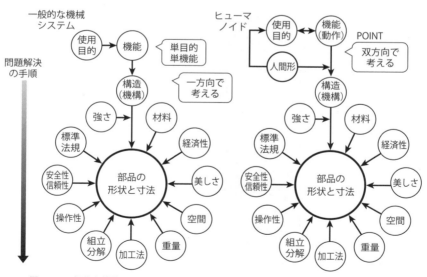

図 4.4 一般的な機械システムとヒューマノイドロボットに関するデザイン行為の比較

第4章 機械システムのデザイン

能の決定，モデリング，シミュレーション，構造と形状の最適化からなる「システム計画の局面」，続いて具体化設計，製造・建造，試験からなる「システム実現の局面」を経たあとで，運用に至る．図4.1左側に示したデザインプロセスは，問題解決の手順における「システム計画の局面」を，思考空間の遷移によって表現している．

問題解決の手順という強力な思考ツールを用いると，一般的な「単目的・単機能」の機械システムについては，図4.4左のように部品の形状と寸法の決定プロセスを一方向で考えても，ほとんど問題なく設計できる．使用目的から始めて機能と構造を順番に決め，その後，制約条件のもとで部品を決定するのである．

4.3　ヒューマノイドロボットの身体メカニズム開発

一方で，人間と共存するヒューマノイドロボットは「多目的・多機能」であることに加えて，そのデザイン行為において「人間型」というきわめて強い制約を受ける．このため，機能・構造，そして使用目的を双方向で考える必要があり，「ヒトとは何か」をシステム工学的に議論せざるをえない．ゆえに，ヒューマノイドロボットの身体メカニズム開発では，「機能を明示的に表現しにくい」「必要十分な機能を見積もりにくい」という特有の困難さを伴うのである．

身体メカニズム開発における問題解決の一手法として，ヒトの機能を分化して

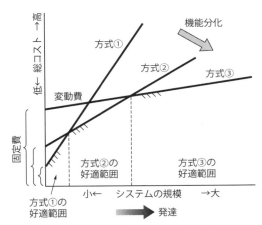

図4.5　システム工学における好適規模配分図［文献2より改編］

「形状」や「単純な機能」に特化してデザインするアプローチがあり，実際にロボットの研究では，人間そっくりの「外観」をもつアンドロイドや二足歩行する人間形ロボットが開発されている。機能分化によって，ある範囲でシステムが発達することは，図4.5に示すシステム工学における「**好適規模配分図**（distribution diagram of suitable scale effect）」[2] によって説明できる。

　図において，横軸はシステムの規模，縦軸は総コストを表わしている。ここで3種類の異なる方式のシステムを考える。方式①，②，③の順に，システムの大規模化，ここでは高機能化が進んで機能分化されているとする。方式①は「小規模に適したシステム」である。一般に構造方式などが簡単で固定費は低いが，運用の際には効率が劣る。規模（出力など）が増大すると燃料費などの変動費の上昇が急激である。方式②は「中規模に適したシステム」，方式③は「大規模に適したシステム」である。一般に高度に分化した機能をもつ構造方式になる。固定費は高いが高効率であり，変動費の上昇は緩やかである。

　各方式を表わす直線の交点においてシステムの好適規模が切り替わる。たとえば，方式①と方式②の交点に着目すると，交点よりも左側のシステム規模においては方式①の総コストが方式②のそれを下まわるため，方式①が有利である。しかし，交点よりも右側のシステム規模になると，方式①と方式②の総コストが逆転して方式②が有利になる。このように，それぞれの方式には好適範囲が存在し，このことが機能分化によってシステムが発達していく理由になっている。

　この法則によって「形状」と「機能」の2つに分化したあとに，好適規模配分図に従って最適化して，それらを融合しようと試みるとデザインがきわめて難しくなる。その理由は，コンピュータのソフトウェアとちがって，メカニズムは「付加設計」ができないことが原因であると筆者は考えている。物の構造を表わすホロン[4] という概念を借用すれば，細胞は構成要素であるにもかかわらず「それ自体が全体としての構造と機能を有している」ため，人間はホロニックなシステムである。これらから得られる知見は，ヒトの身体メカニズム開発を図るときに重要な点は「不用意な機能分化による付加設計は改善にはならないこと」である。

第4章　機械システムのデザイン　　　113

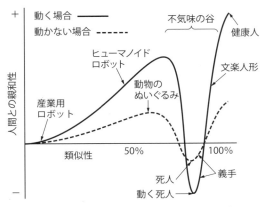

図 4.6 不気味の谷による解空間の表現 [GetRobo (http://www.getrobo.com) より改変]

4.4 不気味の谷とゲシュタルト

　アンドロイドの設計指針として広く知られている「**不気味の谷（uncanny valley）**[5]」という概念がある．不気味の谷は，図 4.6 のように人間との類似性を横軸，人間との親和性を縦軸としたデザインの解曲線における最小点である．義手のデザインにおいて，人間との「見た目」の類似性を上げていくと「突如として違和感が発現」する理由とされている．

　曲線にはシステムが「動かない場合」と「動く場合」の 2 種類があり，「動く場合」のほうが谷の高低差が大きくなる．不気味の谷においては「外観」と「動き」についてのイメージの不一致によって親和性が著しく低下するため，最適化プロセスにおいて外観の勾配を登ろうとするだけでは谷底に落ちる可能性がある．谷底を越えた位置に注目すると文楽人形がある．文楽人形は，江戸時代初期から続く日本の伝統芸能である「人形浄瑠璃・文楽」で使用される操り人形である．

　図 4.7 は 4 階層におけるデザイン要素の説明であるが，この図によって身体メカニズム開発のキーワード配置を考えるならば，状態空間における見え方は，**ゲシュタルト（gestalt，形態）**と関係づけられるだろうと筆者は解釈している．ゲシュタルトとは，人間の精神を「部分や要素の集合ではなく全体性をもったまと

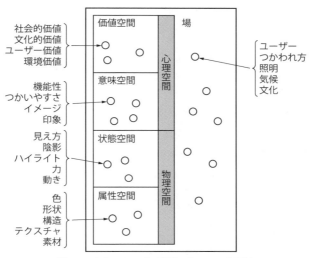

図 4.7　身体メカニズム開発のキーワード配置

まりのある構造」としてとらえるときの心理学用語である。文楽人形のもつ「人間との類似性」を「機能性」として表現するならば，少なくとも意味空間，状態空間，属性空間の3階層を俯瞰できるゲシュタルト（見え方・動き・形状・構造）を想定しなければならないだろう。

文楽人形は，その構成要素の質素さと構造のシンプルさにもかかわらず，「かたち」と「うごき」の絶妙なマッチングによって「心の見え方」を追及してきた。文楽人形が不気味の谷を越えて配置されていることは，ホロニックなシステムが還元主義のみでは完成しないことの証左といえよう。

4.5　人間の腕に見る形状・構造・機能の関係性

図 4.4 右で表現した「形状」と「機能」による良好な「構造」のデザインを，ヒューマノイドの身体メカニズム開発の事例をつかって説明しよう。ここで人間が机の上の物を取るとき（目標物獲得運動）と紙に文字を書くときの腕の動きを考えてみる。目標物の獲得運動では，関節まわりの高い剛性を必要とする。剛性とは物体に動きを加えたときに力を生じる度合い，つまり「かたさ」のことである。いわゆる産業用ロボットは「生産ラインという場における，関節まわりの高

い剛性を活かした精密な動き」を基本として，図4.7における価値空間での「ユーザー価値」と意味空間での「機能性」を生み出している．

　ところが，紙に文字を書くような「外部からの運動学的拘束下」においては，関節まわりの剛性が高いがゆえに目標との位置のズレがゼロでないかぎり力を入れ過ぎてしまう．逆に関節まわりの剛性が低ければ，手先の詳しい軌道は運動学的拘束によって自然に決まる．つまり運動学的拘束下において人間は，リラックスすることで手先の位置と力を同時に制御しているのである．このことをロボティクスでは「手先の機械インピーダンス制御」とよぶ[6]．本章の範囲では，機械インピーダンスを「かたさ」の一種と考えて差し支えない．

　驚くべきことに人間は，頭脳のみに頼って「棒のような身体」に対して機械インピーダンス制御を行なっているのではなく，身体メカニズムである筋骨格系の構造を用いた制御機能を最初から備えているのである．このメカニズムを図4.1で示した人工システムの定義に対応させるならば，筋肉と骨格を構成要素①とした腕の構造②を用いて，手先作業という目的③を位置と力の制御④によって達成している，となる．

　図4.8左は人間が前方に右腕を伸ばした姿勢を上から見た様子である．肩と肘の筋肉は機械ばねによってモデル化されており，曲線は単関節筋のみで手先が動ける方向を示している．図4.8右は単関節筋に二関節筋である上腕二頭筋を加えたモデルであり，手先が動ける方向が複雑になっている．筋骨格系の構造によって人間は手先の位置と力を同時に制御するための「かたさ」を調節しているのである．このメカニズムを参考にして筆者が開発したロボット機構に，**機械式自重**

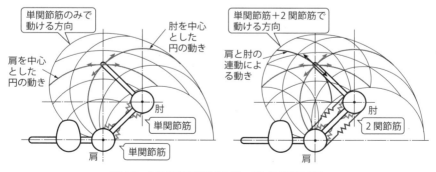

図4.8　人間の腕の機械インピーダンス制御モデル

補償装置（mechanical gravity canceller；MGC）がある．誌面の制約のため詳細は割愛するが，MGCでは単関節筋と二関節筋の作用によって腕の姿勢によらず重力の作用をゼロにすることに成功し，外部からのエネルギー供給や摩擦抵抗なしでロボットの腕を自在な姿勢で静止できる．

以上の事例で筆者が伝えたかったことは，デザインプロセスにおいて多空間デザインモデルを用いるとしても階層に分けて考えるだけでは単なる複合化で終わるおそれがあり，図4.9に示すように「心理空間」と「物理空間」の境界を起点にした「双方向な抽象的レベルの分化」にも留意するべきだということである．これが機械システムのデザインに関するシステム思想の真髄といえる．

4.6 まとめ

「木を見て森を見ず」「岡目八目」といわれるように，システム工学が扱う問題はさまざまな要因が複雑にからみあっている複合問題であり，これをあまり分割すると真の姿を見失ってしまう．それでは，どうすれば「ものを知る」ことがで

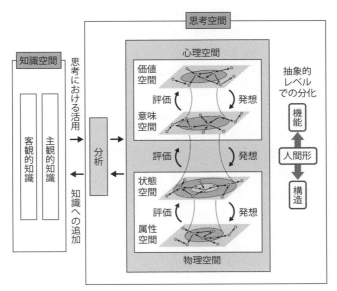

図4.9 ヒューマノイドの身体メカニズムのデザインプロセス

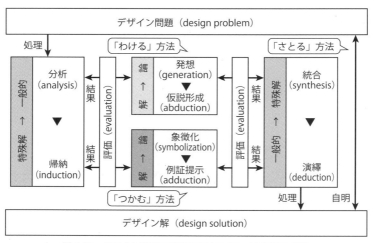

図 4.10　デザイン問題の求解における「ものを知る」方法

きるのだろうか。それには「わける」「つかむ」「さとる」の3つの方法があるといわれる。図 4.10 にデザイン問題の求解における「ものを知る」方法のちがいを示す。第一の「わける」というのは，対象物を順次分解していって，その最終末端のエレメントがすべてわかれば，それで全体がわかったとみなす分析的な理解のやりかたである。つまり，「分析（アナリシス）した要素」と「その要素を総合（シンセシス）した全体」が等しくなったら理解できたと考えるのである。第二の「つかむ」というのは，「わける」とは別の方向のもので，はじめにまず，ものを全体としてとらえ，必要に応じて細部をおさえていくというやりかたである。日本は古くから，この総合的な「つかむ」というとらえ方が得意であった。そして，第三の「さとる」というのは「わける」と「つかむ」を組み合わせて，しかも，一段次元の高いところから理解しようとするやりかたであって，古来，高僧たちが修行の目標とした方法といわれる。このように考えると，ヒューマノイドの身体メカニズム開発は図 4.9 で示したように「多空間デザインモデルにおける4階層の写像を双方向で考える必要がある」ため，「つかむ」技術をつかわざるをえないのである。

　本章を要約すると，「ヒューマノイドの身体メカニズムのデザインプロセス」は，多空間デザインモデルの「心理空間」と「物理空間」に双方向から強い制約

が加わる事例であり，むやみに機能を分化するのではなく，「つかむ」思想でヒトを理解するという問題解決方法が必要不可欠であると結論づけられるだろう。

（森田寿郎）

参考文献
1）松岡由幸他：Mメソッド ―多空間のデザイン思考，近代科学社（2013）
2）赤木新介：システム工学 ―エンジニアリングシステムの解析と計画，共立出版（1992）
3）畑村洋太郎：続・実際の設計 ―機械設計に必要な知識とデータ，日刊工業新聞社（1992）
4）Arthur Koestler 著，田中三彦・吉岡佳子訳：ホロン革命，工作舎（1983）
5）森政弘：不気味の谷，*Energy*，Vol.7，No.4，33-35（1970）
6）M.Brady 他編・花房秀郎他訳：ロボット・モーションⅢ コンプライアンス編・作業計画編，HBJ出版局（1985）

第5章
サイネージのデザイン

　本章では，インタラクティブなシステムの例として，デジタルサイネージのデザインについて述べる。インタラクティブなデジタルサイネージは，ユーザーとのインタラクションを通した，サービスとしてのデザインが要求される。この際，ペルソナ，シナリオ，プロトタイプなどのインタラクションデザイン独特の手法が効果的に用いられる。ここでは，多言語デジタルサイネージのデザインを事例に，インタラクションのデザイン方法，および多空間デザインモデルとの関係について概説する。

5.1　デジタルサイネージ

　サイネージとは街中に設置されている標識やポスターなどを意味するが，近年，これらをデジタル化したデジタルサイネージが普及してきた。**デジタルサイネージ**（digital signage）の形態としては，液晶モニターを用いたものから，大型の LED ディスプレイやプロジェクターを使用したものまで，さまざまなものが使用されている。設置場所に関しても，空港や駅，ショッピングモールなどでの使用から，電車内やビルの壁面を使用したものまで幅広く，われわれが生活する街全体が情報空間として利用されつつある。

　デジタルサイネージの用途は，標識，広告，案内，あるいはエンターテイメントなどさまざまであるが，共通した特徴としては，ネットワークに接続され，コンテンツを自由に切り換えられる点があげられる。コンテンツ様式に関しても，テキスト情報や静止画だけではなく，動画や CG の利用，あるいはインタラクティブなコンテンツを提示できるという特徴がある。

　しかしながら現状のデジタルサイネージは，これらの特徴が必ずしも有効に機能されているとはいえず，システムをデジタル化しただけで，従来のサイネージと同じようなコンテンツを提示しているものも多い。本章では，おもにデジタル

120　　第2部　多空間デザインモデルの応用領域

サイネージのもつ利用者とのインタラクションの機能に注目し，筆者らの開発事例などを紹介しながら，デジタルサイネージのデザイン方法について述べる。

5.2　インタラクションのデザイン

　デジタルサイネージなどのインタラクティブなシステムのデザインでは，静的な対象のデザインとは異なり，形状や機能をデザインすると同時に，利用者との**インタラクション**（interaction）をデザインする必要がある。すなわち，デザインの過程で対象となるシステムだけを考えるのではなく，それがどうつかわれるのかといった，ユーザーとの間の振る舞いに注目した視点が重要となる。このことは，インタラクションを通してユーザーに何を提供するか，どのような価値を与えるかといった，サービスそのものをデザインすることにつながってくる。

　そのため，インタラクティブなシステムのデザインでは，一般的な多空間デザインモデルに加えて，**インタラクションデザイン**（interaction design）独特の方法論も必要となる[1]。たとえば，代表的な手法の1つに**ペルソナ**（persona）があげられる。ペルソナとは，製品やサービスをつかうことになるユーザーについて，性別，年齢，家族構成，職業などの属性に加え，名前，顔写真，趣味，嗜好，生い立ち，消費活動，行動エリア，インターネット利用時間など，できるだけ具体的で詳細な特徴を記述することで，明確な人物像を設定する方法である。

　このペルソナを主人公として，完成した製品やサービスを実際に利用する場面を想像した物語を作成する方法が**シナリオ**（scenario）である。この際，ペルソナごとに異なるシナリオを作成することで，必要な機能の洗い出しができる。また，同じシナリオに対して異なるペルソナを想定することで，機能に対するつかわれ方を検討することができる。このように，シナリオを用いることでデザインのコンセプトを迅速かつ効果的に検討することが可能になる。

　また，インタラクションのデザインでは，机上の検討だけでつかいやすさなどの評価を行なうことは困難なため，**プロトタイプ**（prototype）として目に見える形にすることが評価を行なううえで重要である。プロトタイプの形態としては，紙で表現する簡易なものから，粘土や3Dプリンタを使用したモックアップ，あるいは完成形に近いものまでさまざまであるが，プロトタイプでは必要な要素をいかに早く形にできるかが重要である。

第5章　サイネージのデザイン　　121

構築されたプロトタイプは，ユーザー評価に使用することができる。評価の方法としては，統制された条件の下で被験者に一定のタスクを行なってもらうユーザーテストから，完成度の高いプロトタイプを実際の現場で使用してもらう実証実験まで，いくつかの段階がある。とくに実証実験では，構築されたシステムが，多空間デザインモデルにおける価値や意味などの，システムとしての目的や要求を満足しているかという検証まで含まれる。

これらの方法を用いることで，インタラクションに着目した効果的なデジタルサイネージのデザインを行なうことが可能になる。次節では，具体的なデジタルサイネージのデザイン例として，筆者らが開発を行なってきた多言語デジタルサイネージについて紹介する[2]。

5.3　多空間デザインモデルによる多言語デジタルサイネージのデザイン

5.3.1　外国人旅行者への情報提示

近年，社会のグローバル化に伴い，多くの人々が外国を訪れる機会が多くなってきた。日本においても，2020年の東京オリンピックを念頭に，観光立国の実現が推進されている。そのため，日本を訪れる外国人旅行者に対して，「快適な旅行」を提供する「おもてなし」のサービスが求められている。

それでは，具体的にどのようなサービスが必要であろうか。ここでは，外国人旅行者が遭遇する問題点を明らかにするため，ペルソナの手法を用いた。ペルソナとしては，たとえば初めて日本を訪れるブラジル人旅行者などを想定した。彼は，ブラジルの地方都市で働く20代の青年であるが，会社の休みをとり，大好きな自国のサッカーチームを応援するために，東京オリンピックの観戦にやってきた。

次にシナリオとして，宿泊地の渋谷から地下鉄を乗り継いで国立競技場までの移動の様子を考えた。彼はホテルを出発し，地下鉄の入口を探したが，地下街との区別がつかず，なかなか入口がわからない。やっと改札を見つけたが，渋谷駅はたくさんの路線が乗り入れているため，どこのホームに行けばいいのかわからない。案内板はあるが，彼は日本語がわからず，ポルトガル語の案内はまったくなかった。片言の会話で人に聞きながら，どうにか電車に乗ることができたが，途中で電車を乗り換えなければならない。乗換の駅名は調べていたが，アナウン

122　　第2部　多空間デザインモデルの応用領域

スの駅名は聞き取れず，あやうく乗り越すところであった。

シナリオに従って考えていくと，外国人旅行者が遭遇する問題点が見えてくる。このような問題は，日本人であれば周囲の環境から自然に得られる情報を利用して，問題なく行動することができるが，言葉や文化のちがう外国人にとっては，情報が不足している。そのため，ここではおもてなしのサービスとして，本来旅行者が自国にいれば自然に得ているであろう情報を，さり気なく母国語で提供するサービスとして定義した。

以上の分析では，ペルソナやシナリオなどのインタラクションデザイン独特の手法を用いているが，これは多空間デザインモデルのうえで考えると，価値空間から意味空間への分析を行なったことを意味している。すなわち，外国人旅行者に対する「快適な旅行」の「おもてなし」という価値空間での要素を，「周囲環境」からの，「母国語」による，「さり気ない」，「情報提供」という意味空間での要素に分解して解釈を行なった。図 5.1 は，多言語デジタルサイネージのデザインにおける，多空間デザインモデルの要素を示したものである。

5.3.2 表示言語の自動切り換え

周囲環境からの母国語によるさり気ない情報提供という，心理空間上で考えられたサービスは，次に具体的な物理空間での設計に落とし込むことが必要であ

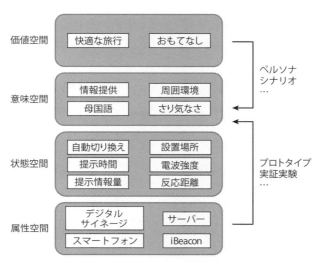

図 5.1 多言語デジタルサイネージの設計と多空間デザインモデル

る。旅行者に対する母国語による情報提供という部分に関しては，多言語情報サービスとして，現状でもいくつかの方法がつかわれている。たとえば，多言語対応のデジタルサイネージとしては，複数言語で情報を並べて表示する併記型，一定時間間隔で表示言語を順番に変更する切り換え型，タッチ操作などで利用者が使用言語を選ぶ選択型などが存在する。しかしながら，これらの方法では，提示情報が多すぎて視認しづらい，言語が変更されるまで待たなければならない，言語を切り換えるために利用者が操作を行なわなくてはならないなどの問題があり，意味空間で要求されるさり気なさとは結びつかない。

そのため，旅行者に対するさり気ない情報提供というコンセプトを実現するために，新しい情報提示方法を構築しなくてはならない。さり気ない情報提供とは，旅行者が特別な行動をとらなくても，必要な場所に来たら，旅行者がわかる言語で，必要な情報を得られるような仕組みである。このような機能を実現するデバイスとして，ここではスマートフォンとデジタルサイネージを使用することとした。スマートフォンは利用者が所有するパーソナルなデバイスで，個人的な情報を伝達するのに向いている。一方，デジタルサイネージは公共空間に設置され，周囲環境からの情報伝達手段として用いることができる。これらのデバイスを使用することで，旅行者が情報を必要とする場所に来ると，自身のスマートフォンに自動的にメッセージが届き，必要な情報を得ることができる。また，旅行者がデジタルサイネージに近づくと，デジタルサイネージの表示言語が旅行者の母国語に自動的に切り換わり，旅行者は案内に従った行動をとることが可能になる。

上記の機能を実現するための方法として，ここでは iBeacon の技術を利用した。iBeacon は BLE（Bluetooth Low Energy）を使用した近距離通信の方式であるが，これをスマートフォン上のアプリを起動するトリガーとして使用することで，いろいろなサービスに利用することができる。旅行者が情報を必要とする場所に iBeacon を設置しておき，旅行者のスマートフォンが iBeacon 信号を受信するとプッシュメッセージが送られる仕掛けにしておくことで，旅行者は必要な情報をさり気なく受け取ることができる。

また，iBeacon をデジタルサイネージに設置しておき，旅行者のスマートフォンが iBeacon 信号を受信した際に，自身のスマートフォンが何語に設定されているかという言語設定情報を送り返させることで，デジタルサイネージはユーザー

の使用言語を容易に特定することができる．この方法を用いることで，旅行者はデジタルサイネージに近づくだけで，自身の使用言語を特定され，デジタルサイネージは表示言語を旅行者の母国語に自動的に切り換えることが可能になる．

以上の実装に関する検討は，多空間デザインモデルにおける，状態空間，属性空間での思考に対応する．属性空間の要素としては，「スマートフォン」「デジタルサイネージ」「iBeacon」などのデバイスや技術があげられる．これらを構成要素として観光情報サービスシステムが構築されるが，インタラクティブなシステムでは，意味空間の要求を満たすために，状態空間での検討を十分に行なうことが必要である．

たとえば，歩行中の旅行者に対して適切なタイミングで情報を提供するためには，スマートフォンの「反応距離」やiBeaconの「電波強度」に関する検討が必要である．また，歩行中の旅行者がデジタルサイネージに提示された情報を読み取るためには，コンテンツの「提示時間」や「提示情報量」に関する検討も必要である．とくに，母国語が異なる複数の旅行者が同時にデジタルサイネージの前に現れた場合に，言語の「自動切り換え」を確実に行なうにはどうしたらいいかなどの問題についても，十分に検討しておくことが必要である．

図5.2は，デジタルサイネージの前に複数の利用者が来た場合に，何割の利用者が母国語で表示されたコンテンツを見ることができるかを，**モンテカルロ法**（Monte Carlo method）でシミュレーションした結果を示したものである．シミュレーションでは，利用者の歩行速度を1 m/sで一定とし，iBeaconの検出距離は

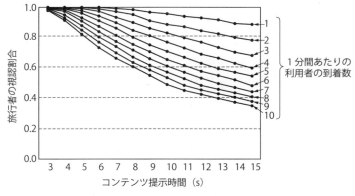

図5.2 モンテカルロ法による利用者のコンテンツ視認割合

平均 6.5 m，標準偏差 0.75 m で与えた。この際，1 分間に現われる利用者の数を
1 人から 10 人まで，また 1 つの言語に対するコンテンツ提示時間を 3 秒から 15
秒まで変えてシミュレーションを実施した。この結果から，一定の割合の利用者
に母国語による情報提供を行なうためには，コンテンツの提示時間を何秒以下に
しなければいけないか，あるいは利用者数がどれくらいの場所にデジタルサイ
ネージを設置すべきかなどの指標を得ることができる。

　上記の多言語情報サービスを用いると，先述のペルソナを用いたシナリオは以
下のように変わる。ブラジル人の青年が，国立競技場まで行こうと渋谷のホテル
を出発する。渋谷の駅前近くに行くと，彼のスマートフォンが小さく振動し，
「すぐ近くに地下鉄の入口があります」というメッセージが表示される。彼は目
の前の地下へ降りる階段が地下鉄の入口だと理解し，階段を降りる。地下に降り
ると柱や壁に多数のデジタルサイネージが設置されており，彼が近づくと次々と
ポルトガル語の表記に変更された。彼は，デジタルサイネージの案内に従って，
難なく地下鉄に乗ることができた。電車が発車し乗換駅に近づくと，再び彼のス
マートフォンは振動し，「次は乗換駅です」というメッセージが表示される。こ
の駅で電車を降りると，ここでもデジタルサイネージは彼の移動に連動し，ポル
トガル語での案内表示が提示された。彼は気がついたら，初めて来る国立競技場
に，迷うことなく着いていた。

5.3.3　実証実験

　インタラクティブなシステムでは，机上の検討だけでつかいやすさなどの評価
を行なうことは困難である。そのため，プロトタイプを用いた評価実験をくり返
すことで設計へのフィードバックを行なう。ここでは，図 5.3 に示す多言語デジ
タルサイネージを含む観光情報サービスのプロトタイプを構築し，実際に白川郷
の観光地で実証実験を行なった。白川郷は，世界遺産に登録されて以来，急に多
くの外国人観光客が訪れるようになり，外国人旅行者への対応が十分とはいえな
い状況にある。

　実験では白川郷の村内に，合計 25 個の iBeacon の設置と，観光案内所への多
言語デジタルサイネージの設置を行なった（図 5.4）。これにより，白川郷を訪れ
る外国人旅行者に，母国語でのウェブアクセス機能と合わせて，プッシュ通知の
情報提供，デジタルサイネージによる母国語での情報案内を行なった。白川郷
は，多くの外国人旅行者がバスで訪れるため，バスセンターが観光の出発点とな

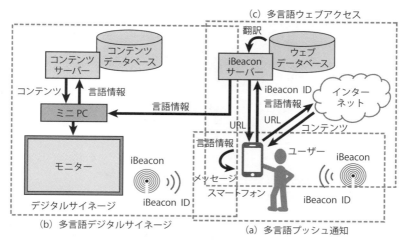

図 5.3　観光情報サービスのシステム構成

図 5.4　観光案内所に設置された多言語デジタルサイネージ

る。そのため，バスセンター脇の観光案内所に置かれたデジタルサイネージは，多くの旅行者にとって最初の観光情報の提供となった。

　実証実験では，外国人旅行者に本システムを使用してもらい，ウェブアクセス，プッシュ通知，デジタルサイネージの各機能について，有効性と必要性に関するアンケートに答えてもらった（図5.5）。その結果，全体的に好意的な回答が得られ，とくにプッシュ通知，デジタルサイネージに対しては高い評価が得られた。このことから，本システムが目指した，外国人旅行者に対するさり気ない情報提供という目的は，ある程度満足されたものと考えることができる。

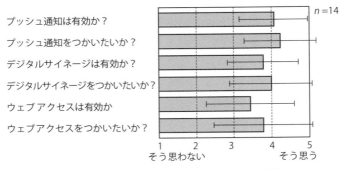

図 5.5 観光情報サービスに関するアンケート結果

5.4 おわりに

　本章では，インタラクティブなシステムのデザイン例として，デジタルサイネージを取り上げた．インタラクティブなシステムでは，一般的な多空間デザインモデルに加えて，シナリオやプロトタイプなど，インタラクションデザイン独特の方法が用いられる．インタラクティブなシステムでは，ユーザーとのインタラクションを通して，ユーザーに対してどのような価値を与えるかというサービスについての視点が必要である．また，シナリオやプロトタイプなどのインタラクションデザインの手法は，多空間デザインモデルにおける，価値空間や意味空間での分析，あるいは属性空間や状態空間でのデザインが価値空間や意味空間での要求を満たしているかなどの評価に利用することができる．ここでは，具体的なデジタルサイネージを用いたサービスのデザインとして，多言語デジタルサイネージを取り上げ，インタラクションとして適切なデザインを行なうとともに，サービスとしての価値や意味を満足するデザインが実施されることを示した．

（小木哲朗）

参考文献
1) Dan Saffer 著，吉岡いづみ，ソシオメディア株式会社（訳）：インタラクションの教科書，毎日コミュニケーションズ（2008）
2) Tetsuro Ogi, Kenichiro Ito, Seiichiro Ukegawa: Multilingual Information Service Based on Combination of Smartphone and Digital Signage, NBiS 2017/INVITE 2017, 644-653（2017）

第6章
座り心地のデザイン

　本章では，座り心地のデザインについて，実際に製品化した自動車用疲労低減シートの技術開発を事例として，多空間デザインモデルと開発行為との関係を考察する。まず，基礎研究・先行開発・製品開発において，実際に何をやったのかについて概説する。次に，それらの多空間デザインモデルにおける位置づけを考察し，開発における思考を分析する。さらに，多空間デザインモデルを開発に用いた場合の技術開発の発展性について考え，その有効性を検討する。

6.1　はじめに

　本章では，自動車シートを題材として，座り心地のデザインへの多空間デザインモデルの応用について考察する。「座り心地のよい自動車シート」とは，どのようなイメージが思い浮かぶであろうか。自動車ユーザーの言葉で表現すると，図6.1のように「体に合う」「ちょうどよい硬さ」「リラックスできる」などの快適さに関するもの，「腰やお尻が痛くならない」「疲れない」などの不快のなさに

図6.1　ユーザーから見る「よいシート」

関するものなどがあげられる．これより，「長時間座っていられる」ことが重要な要素であるということができる．すなわち，長時間運転において疲労を少なくすることがシートデザインの1つの大きな課題である．

筆者は，肉体疲労を低減するシートについて，基礎研究から製品開発までを通して行ない，図6.2のようなゼログラビティシートとして製品化した[1,2]．以降，この開発事例を題材にシート技術開発における思考プロセスについて，多空間デザインモデルの視点で見直し，考察する．

6.2 疲労低減シートの開発事例

疲労低減シートの開発は，研究・先行開発・製品開発の3つのフェーズに分けて実施した．本節では，各フェーズにおいて実施した研究開発の内容を概説する．

6.2.1 研究開発のコンセプト

シートにおける疲労を低減するにあたり，以下の仮説を立て，研究を開始した．
- 生じた疲労に対処するのではなく，生じる疲労を減らすために，疲労要因を低減する．
- 着座時における疲労の要因は，姿勢に起因する筋骨格系の負荷である．
- 筋骨格系の負担が少ない姿勢の究極は，身体の自重を支える必要のない無重力状態でのヒトの姿勢（中立姿勢[3,4]）である．

図6.2 ゼログラビティシート

6.2.2 研究フェーズにおける開発内容 [5,6]

研究フェーズにおいては，上記に述べた仮説に基づき，図6.3に示す着座面形状が細かく変更できる実験用可変シートを用い，被験者が最も快適と感じる座位姿勢の最適化を行なった。この際，前方を注視し，通常の運転操作を行なうことを想定した条件のもとで，ステアリングの位置および背もたれの形状と角度を任意に調整可能とした。その結果，図6.4に示すように従来の運転姿勢に比べ，運転操作のために胸郭から上の姿勢はほとんど変わらなかった。胸郭より下の姿勢は，腹部と大腿部の相対角度を開き，後傾した姿勢となり，この姿勢を疲労低減運転姿勢として得た。

同時に，疲労低減運転姿勢を実現するシートの着座後の最終安定形状が得られた。この疲労低減運転姿勢において，疲労の要因となる身体負担が低減されているかについて図6.5に示す筋骨格モデル[7]により検証した。

さらに，図6.6に示すような最終安定形状を実現するシートを試作した。このシートを実車に装着し，2時間の高速走行実験により，官能評価と多面的な生理学評価により疲労低減効果を検証した。多面的な生理学評価とは，図6.7に示すような筋骨格系疲労要因の計測，中間レベルとしての姿勢制御影響の計測，上位レベルとしてのストレス反応の計測である。評価結果の一例として，図6.8に疲労主観評価，図6.9に筋電図を示す。検証の結果，疲労主観評価では，従来の運転姿勢に対して肉体疲労が約50%低減し，顕著な効果が確認された。また，生

図6.3 姿勢最適化実験用可変シート

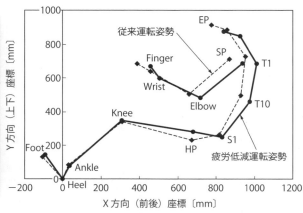

図6.4 疲労低減運転姿勢

第6章 座り心地のデザイン

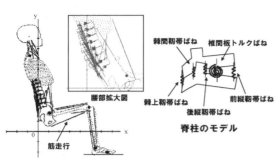
図 6.5 筋骨格モデル

図 6.6 走行実験用試作シート

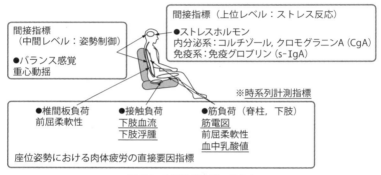
図 6.7 生理学的検証の考え方

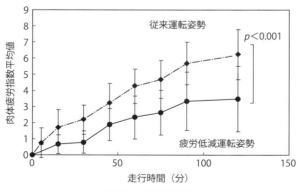
図 6.8 疲労主観評価

132 第 2 部 多空間デザインモデルの応用領域

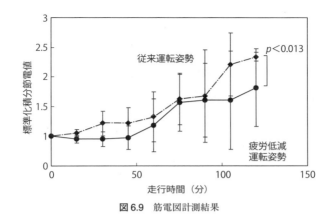

図 6.9　筋電図計測結果

理学評価においては，定量的には一致しないが，主観評価と同じ傾向を示すことを確認し，疲労低減が客観的にも確認できた．

6.2.3　先行開発フェーズにおける開発内容[8,9]

研究フェーズの成果として，顕著な疲労低減効果の見られた運転姿勢について，車両適用の提案を行なった．しかし，実際には疲労低減効果は顕著であるものの，中折れ構造を実現するための機構追加に大きなコストが必要となること，ステアリングにおいては既存車両に対して大きな可動範囲が必要となり，後傾した姿勢により車両パッケージングとしての実現難易度が高いことから，採用に至らなかった．そこで，先行開発として次のフェーズへ移行した．

　先行開発フェーズにおける開発は，研究フェーズの課題となったコストとパッケージングを制約条件として，現行車のパッケージングのもとで同じ考え方を適用する場合の条件を求めることとした．先行開発では，まず筋骨格モデルによる負荷のシミュレーションにより従来のパッケージングでの背もたれ角度において図6.10に示すように10%程度の疲労低減が見込めることを予測し，先行開発着手判断を行なった．実際の開発においては，研究フェーズと同様に，現行車パッケージングの制約のもとで，実験用可変シートを用いて，着座姿勢と最終安定形状を求めた．さらに，最終安定形状の実現に必要なシート要件として，シートの初期形状と部位ごとのシートF-S特性（一定荷重負荷時のたわみ量）を規定した．これに基づき，既存の現行車シートを改修して，図6.11に示すような中折れ形状のシートを試作し，疲労主観評価と筋電図により疲労低減効果を長時間走行に

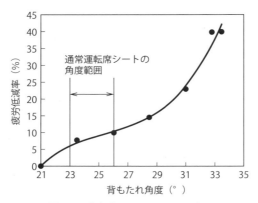

図6.10 筋負荷シミュレーション結果

図6.11 先行開発での試作シート

より検証した。その結果，図6.12に示すように，従来のシートに対して，20%の疲労低減効果（腰部は30%）が確認された。

6.2.4 製品開発フェーズにおける開発内容 [10,11]

　先行開発フェーズで開発した疲労低減シートは，シートの初期形状と部位ごとのシートF-S特性として定義できたため，既存のシートに対するデザインの仕様に用いることができた。そのため，疲労低減効果をコストアップなく得ることができることになり，全車採用の標準デザイン仕様にすることができた。そのため，製品開発フェーズにおいては，各車両の制約条件のもとで，標準デザイン仕様を満たすようにシートを設計すればよいことになる。この制約条件とは，スタ

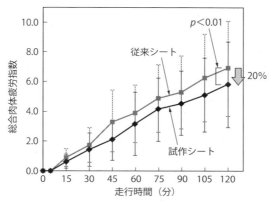

図 6.12　先行開発シートの疲労主観評価

イリングデザインや安全性能などの他性能との両立である．これらの実現は，自動車メーカーのシートデザイナーおよび自動車メーカーとシートサプライヤーのシート設計エンジニアのコラボレーションにより具現化され，続々と新型車に採用され，好評を得ている．

　なお，ここまで概説した開発は，フロントシート（通常，運転席と助手席は，多少の装備が異なるが基本設計は同様）であったが，後席特有のつかわれ方や乗員の多様性を考慮して仕様がアレンジされ，リアシートの標準デザイン仕様としても全車採用されている．

6.3　多空間デザインモデルの視点から見た開発フェーズによる思考のちがい

　本節では，前節で説明した疲労低減シートのそれぞれの開発フェーズを多空間デザインモデルの要素間関係図[12,13]として記述することを試み，開発における思考の変化を考察する．それぞれのフェーズにおいては，開発のフォーカスポイントと場に相当する制約条件が異なるため，多空間デザインモデルにおける要素の構成が異なり，研究開発において求める空間間の写像が異なってくると考えられる．

　図 6.13 に研究フェーズにおける要素間関係図を示す．まず，すべてのフェーズにおける共通の要素として，研究開発の目的にもなっている価値空間には自動車ユーザーの言葉から「長時間快適に座っていられる」を抽出した．意味空間に

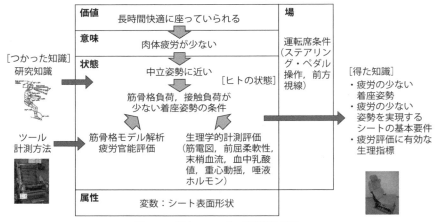

図 6.13 研究フェーズの要素間関係図

おいては抽出した価値に対して設定した「肉体疲労が少ない」という要素が配置できる。研究フェーズおいては，この意味要素に対して，知識として無重力状態での中立姿勢を採用し，「筋骨格負荷・接触負荷が小さい」という状態を，バネ特性をもたない実験用可変シートにおいては，状態でもあり属性でもあるシート着座形状を変数として実験的に探索して，筋骨格モデルや生理計測により検証した。これは，「意味を実現するヒトの状態」の解明と検証を行なったといえる。このとき，場は「運転を行なうための操作ができて，前方を見る」という最低限の拘束であった。

図 6.14 に先行開発フェーズにおける要素間関係図を示す。次に，先行開発フェーズでは，研究フェーズで明らかになった「意味を実現するヒトの状態」を知識として，同じくシート着座形状を変数に疲労を低減できる着座面形状と実現するF-S特性を求めた。これは，「意味を実現するモノの状態」を求めたといえる。このときの場は，実際の車両に搭載する運転席シートを開発の条件としたため，運転という行為の要件に加えて，車両のパッケージング条件として後席を侵害しない範囲のリクライニング角度の上限値や既存のシートフレーム構造を使用することなどのシートのモノとしての拘束が，より厳しくなった状態である。

図 6.15 に製品開発フェーズにおける要素間関係図を示す。さらに，製品開発フェーズにおいては，先行開発フェーズで明らかになった「意味を実現するモノの状態」を知識として，属性要素であるF-S特性を実現するシート設計値として

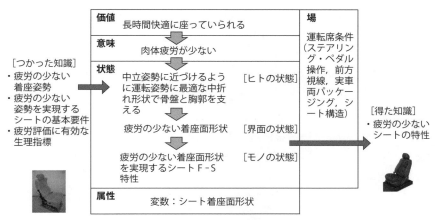

図 6.14　先行開発フェーズの要素間関係図

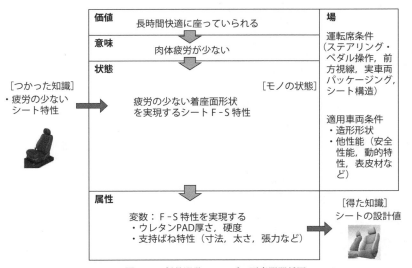

図 6.15　製品開発フェーズの要素間関係図

第 6 章　座り心地のデザイン　　137

のウレタンパッド厚さや硬度，寸法や太さ，張力などの支持バネの特性を求めたことになる。これは，「モノの状態を実現するモノの属性」を決定し，実際の車両用製品シートを設計したといえる。このときの場は，適用先である個々の車両においてシートに対するリクワイアメントとなるスタイリングデザイン形状や安全性能，動的特性，表皮材など，非常に限定された厳しいものであり，場が特定されているために，属性を絞り込んで決定できたということができる。

　これらの3つのフェーズを概観すると，図6.16に示すように，研究から製品開発までのフェーズにおける価値・意味空間はすべて同じであるが，着目の重点は，状態空間におけるヒトからモノへ，さらにモノの属性へと下位の物理空間へと移動し，具体化していったと考えることができる。各フェーズにおいては，場の拘束条件がより厳しくなっていくことで，シートは製品として現実化したが，価値の実現レベルである疲労低減効果は拘束が厳しくなることにより限定されていった。

　以上を考慮すると，実際の研究開発は，多空間デザインモデルと一致する思考で実施されていたといえる。すなわち，多空間デザインモデルを開発時に意識することによって，より開発においてやるべき行為が明確になり，効率よく成果に結びつけることができると考えられる。しかし，本事例では，価値や意味に対する状態を絞り込んで開発を進めたため，多空間デザインモデルの特徴であるさま

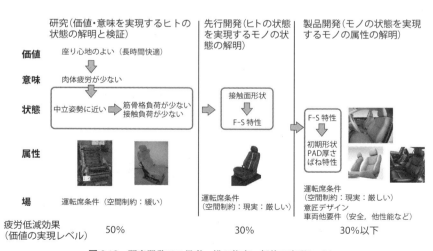

図6.16　研究開発での思考，場の拘束，価値の実現レベル

ざまな価値が議論でき，多様なデザイン解につながるという特徴を活かせていない。この点について，次節で考察する。

6.4 多空間デザインモデルを用いた疲労低減シートの新発想

次に，はじめから多空間デザインモデルを用いて疲労低減シートを開発した場合を想定し，成果を予測する。前節までに述べた疲労低減シートデザインは，6.2.1 項で述べた仮説，すなわち静的な姿勢の負担低減によって時間蓄積としての疲労低減につながるということにより，その後のデザインの方向性が1つに限定されたということもできる。すなわち，意味からヒトの状態に変換する時点で発想が1つに固定されてしまっていた。

一方，そもそもヒトは動く生物であり，身体を動かすことによって血流を促進し，筋骨格系の負担により生じた老廃物を代謝することで，筋骨格系の疲労を回復できることも知られている[14]。これは，静的な姿勢最適化ではなく，時間軸で姿勢と肉体疲労の関係をとらえた考え方であるといえる。この考え方に基づく要素間関係図を図 6.17 に示す。代謝のために，身体を動かすには，シートにより Passive に行なう方法と，乗員がみずから Active に行なう方法の2とおりが考えられる。それぞれ属性要素としては，マッサージ機構[15]や姿勢自動変化機

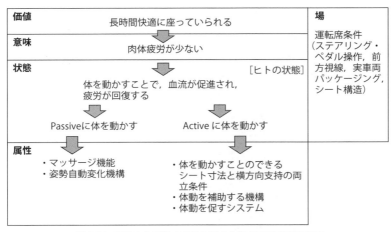

図 6.17 意味から状態の変換を変えた場合の要素間関係図

構 [16]，体動をできるようなシートや体動を促すシステム [17]，多様な座り方を許容するようなシート [18] などの発想が生まれると考えることができ，実際に他者による研究や開発がされていることからも，得られた発想の有効性が裏づけられよう。

あくまで通常の自動車運転操作を想定した姿勢の自由度の少ない場においては，Passive な方法であるマッサージ機構などは追加装備として実現可能であるが，前節までに述べた姿勢最適化がコスト的にも効率がよかったと考えられる。一方，昨今開発が進められている自動運転技術によって，ドライバーが運転操作の姿勢拘束条件から解放されるような大きな場の変化を想定すれば，乗員みずからが Active な方法で疲労回復することも現実的なものになると考えられる。これにより，体動を促すような新機能や多様な座り方を許容し，姿勢変化を促すことでドライブ全体において疲労低減するような既存の概念を超える次世代のシートが発想された。すなわち，この要素間関係図から発想される疲労低減シートは，今後の自動運転化という乗員環境におけるパラダイムシフトに対する次世代のシート座り心地デザインに貢献する技術として，開発していくべき課題であるということができる。このように，多空間デザインモデルを用いて研究開発を進めることで，多様なデザイン解を導くことができるため，従来の概念を超える大きな場の変化にも対応した技術を生み出すことが可能であるといえる。

6.5　おわりに

本章では，筆者が体験した自動車用疲労低減シートの研究開発を題材に，実際の座り心地のデザインにおける多空間デザインモデルについて考察した。

初期のフェーズでは，属性は状態を求めるための変数として用いられ，後期の製品開発フェーズでは，状態を実現する属性を求めることが目的となる。すなわち，多空間デザインモデルの適用における重点は，フェーズに従い，下位へ移動し，変数の精度が高まっていき，最終的な製品設計は特定の場における属性の数値を決める行為に相当する。すなわち，研究・先行開発・製品開発のそれぞれのフェーズにおいて，無意識に多空間デザインモデルの視点で開発を行なっていたということができた。したがって，これらを意識し，多空間デザインモデルを製品開発に適用することで，より明確に各フェーズでの開発行為の定義を行なうこ

とができるようになるため，製品開発に非常に有効なデザイン方法論であるといえよう。

　現場の技術開発においては，特定の技術や理論に基づいて絞った開発が行なわれることが多く，筆者の事例は典型的であった。しかし，多空間デザインモデルを用いて発想することにより，多様な解を発想することができ，より有効な技術を創出することも可能である。今後の技術開発においては，多空間デザインモデルを積極的に活用していきたいと考えている。

（平尾章成）

参考文献

1) Nissan debuts NASA-inspired 'zero gravity' seats, SAE International Automotive Engineering, http://articles.sae.org/11073/（2012），（accessed August 30, 2017）.
2) NASA Standards Inform Comfortable Car Seats, NASA Spinoff Technology Transfer Program, https://spinoff.nasa.gov/Spinoff2013/t_4.html（2013），（accessed August 30, 2017）.
3) George C. Marshall Space Flight Center：Man / System Requirements for Weightless Environments, MSFC-STD-512A, Chap.2.2.（1976）
4) Mount, F. E., Whitmore, M., Stealey, S. L.：Evaluation of Neutral Body Posture on Shuttle Mission STS-57 (SPACEHAB-1), NASA TM − 2003-104805, 2（2003）
5) 平尾章成・北崎智之・山崎信寿：生体力学的負荷に着目した疲労低減運転姿勢の開発，自動車技術会論文集，39 巻 2 号，87-92（2008）
6) 平尾章成・加藤和人・北崎智之・山崎信寿：長時間運転時の肉体疲労の定性および定量的評価，自動車技術会論文集，39 巻 4 号，153-158（2008）
7) 平尾章成・山崎信寿：2 次元筋骨格モデルによる座位姿勢の生体内負荷推定手法，日本機械学会論文集（C 編），67 巻 661 号，173-179（2001）
8) 石渡茂樹・吉澤公理・平尾章成・江上真弘：体幹部支持を考慮した疲れにくいシートの開発，自動車技術会論文集，44 巻 2 号，647-652（2013）
9) Hirao, A., Ishiwata, S., Yoshizawa, N., Egami, M.：Development of automobile seat for fatigue reduction focused on biomechanical loads, Proceedings of The First International Comfort Congress, USB 3A-1, 1-8（2017）
10) 石渡茂樹・永野孝佳・吉澤公理・平尾章成・江上真弘：スパイナルサポート機能付きコンフォタブルシートの開発，日産技報，73 号，43-47（2013）
11) 山田耕司・山本哲也・田中兼一・平尾章成・吉澤公理・橘学・竹内貴司：ライフ・オン・ボード，日産技報，73 号，24-31（2013）
12) デザイン塾監修，松岡由幸編：デザインサイエンス 未来創造の "六つ" の視点，丸善（2008）
13) 松岡由幸編：M メソッド 多空間のデザイン思考，近代科学社（2013）
14) Rani Lueder：Ergonomics of seated movement a review of the scientific literature considerations relevant to the Sum^{TM} chair written for Allsteel, Humanics Ergo Systems, Inc., 1-33（2004）
15) Franz, M., Zenk, R., Durt, A., Vink, R.：Disc Pressure Effects on the Spine, Influenced by Extra Equipment and a Massage System in Car Seats, SAE Paper, 2008-01-0888（2008）
16) Varela, M., Gyi, D. E., Mansfield, N. J., Picton, R., Hirao, A.：Designing movement into automotive

seating - does it improve comfort ?, Proceedings of The First International Comfort Congress, USB 3A-6, 1-8（2017）

17）Hiemstra-van Mastrigt, S., Kamp, I., van Veen, S. A. T., Vink, P., Bosch, T.：The influence of active seating on car passengers' perceived comfort and activity levels, Applied Ergonomics, 47, 211-219 （2015）

18）平尾章成・有田実花子・金侖慧・加藤健郎・松岡由幸：多空間デザインモデルに基づく座り心地研究の知識体系化 自動車助手席専用シートへの適用による有用性検証，デザイン学研究 別冊 日本デザイン学会誌 第 64 回研究発表大会概要集，212-213（2017）

第7章

宇宙科学探査ミッションのデザイン

宇宙科学探査は，人類の「知」の探求，および人類の「活動領域の拡大」をおもな動機として，これまで各国の宇宙機関によってさまざまな探査ミッションが実施されている。本章では，多空間デザインモデルを用いて宇宙科学探査のデザイン構造を明らかにするとともに，宇宙科学探査という理学および工学の両側面をもつ題材における「価値と意味」および「状態・属性」について，多空間デザインモデルに基づいた解釈を行なう。さらに，著者が従事している火星探査ミッションを事例として取り上げ，同ミッションについて，多空間デザインモデルに投影しながら概説する。

7.1　宇宙科学探査ミッション

宇宙科学探査（space science and exploration）は，図7.1に示すように，探査機が対象天体付近を通過しながら観測するフライバイや，探査機を対象天体の周回軌道に投入し天体周囲から観測するオービタを用いたもの，天体の地表面を探査する着陸機や移動ロボットを用いたもの，あるいは対象天体から土壌や大気などのサンプルを地球に持ち帰るサンプルリターン，そして人間が天体に降り立ち探査を行なう有人探査に大別される。それぞれ，探査に要する経済的なコスト（費用）と科学的なリターン（価値）は正比例の関係にある。

宇宙科学探査は，おもに，惑星大気・物理・地質学や，惑星進化論・形成論，宇宙生物学などを主眼とした，いわゆるサイエンスを実施する理学と，それを実現する探査機などのツールを提供する工学が協働で探査ミッションを創出する。

探査ミッションにおける理学的観点での動機は，たとえば，「宇宙の歴史を知りたい」「惑星の成り立ちを知りたい」という知的欲求である。ミッションを創出するうえでは，それら欲求に加え，客観的に理学としての価値を熟慮しなければならない。また，探査ミッションを遂行するうえで必要となる観測原理の考案

第7章　宇宙科学探査ミッションのデザイン　　143

図 7.1 宇宙科学探査の手法（画像出典：NASA）

および観測機器の開発，観測方法の実証も必要である．サイエンスの価値は同時に，工学に対するニーズともなり，探査機自体に必要となる機能やその根拠に意義を与える．工学においても，ツール（探査機）が将来にわたって有用であるかどうかといった，時間軸を考慮した必要性，すなわち工学としての価値も見いださなければならない．

つまり，科学探査ミッションとは，「どのような探査をするのか」「なぜその探査が必要なのか」というミッションそのもののシナリオのデザインと，「その探査を実現するシステムはどのようなものか」というシステムのデザインから構成される．

以降では，それぞれのデザインにおいて，理学・工学の両方の観点での価値と意味，あるいは状態・属性について，多空間デザインモデルを用いて解析していく．

7.2 多空間デザインモデルによる宇宙科学探査ミッションの構造解析

多空間デザインモデルの思考空間を用いて，デザイン要素と宇宙科学探査ミッションとを対比づけたものを表 7.1 にまとめる．宇宙科学探査ミッションと多空

表7.1 多空間デザインモデルのデザイン要素と宇宙科学探査ミッションとの関連性

空間	デザイン要素	宇宙科学探査ミッション
価値	デザイン対象から生じるユーザー価値を表現する心理的要素	ミッションから生じる価値を表現する科学的要素
意味	デザイン対象の機能やイメージを表現する心理的要素	ミッションの意味（意義）を表現する科学的要素
状態	デザイン対象の環境条件を示す物理的要素（場）と，場に依存する物理的要素	ミッションの環境条件を示す物理的要素（場＝シナリオ）と，場に依存する物理的要素
属性	デザイン対象の場に依存しない物理的要素	ミッションの場に依存しない物理的要素

間デザインモデルと対比するにあたって，デザイン対象は探査ミッションそのものとなる。探査ミッションから得られる科学的知見が，われわれ人類の知的欲求を充足させるというプロセスを考慮すると，デザイン要素における心理的要素は，科学的要素に読み替えることができ，さらに，物理的要素（場）は，ミッションシナリオ（時間軸を有することもある）とみなすことができよう。また表7.1 によると，価値・意味空間は，ミッションの重要性を示すための空間であり，一般的にはミッションスコープとよばれている。

　一方，物理空間である状態・属性は，ミッション実現のためのシステムに相当し，ミッションシナリオ（場）に特化したもの（例：着陸探査とオービタに求められるシステムは異なる）が状態であり，宇宙探査システムにおいて普遍的に必要なもの（例：通信アンテナ，バッテリーなど）が属性として扱うことができる。

7.3　多空間デザインモデルによる理学・工学の細分化

　前述のとおり，デザイン対象である科学ミッションは理学と工学から構成されているため，これら2つの軸をも考慮した多空間デザインモデルが表7.2 となる。

　理学に関して，さまざまな科学探査および観測を通じて，未解明な科学的事象を解明していくという科学知識への寄与が最たる価値であるといえる。一方，工学のミッションスコープにおいて定義されるべき価値・意味としては，探査に必要な工学・技術（宇宙輸送，宇宙飛翔，軌道への投入，天体への着陸，天体表面での移動）の獲得とその実証にある。さらに，これら技術の実証を通して，宇宙工学としての学問を成立・昇華させ，科学技術分野に寄与していくという点にも価値があろう。

第7章　宇宙科学探査ミッションのデザイン　　145

表7.2　多空間デザインモデルと宇宙科学探査ミッション（理学・工学）

空間	工学	理学
価値	（社会的要因：国策，国際的な探査の潮流）	
意味	探査に必要な工学技術（輸送，飛翔，周回，着陸，移動など）の獲得	惑星の形成過程・歴史の理解，地質学，気象学，固体物理，生物学の解明
状態	探査を成立させるためのシステムや機器（バス機器）	科学観測のためのシステムや機器（ミッション機器）
属性	システムや機器を構成するコンポーネント，宇宙仕様の部品など	

　通常，宇宙機としての基本機能をなす機器のことをバス機器とよぶ。一方，科学観測に必要な機器のことをミッション機器とよぶ。宇宙科学探査においては，探査機の主要機器（処理系，電力系，推進系，姿勢制御系など）がバス機器に相当し，一方，観測に用いられる機器（分光カメラ，地震計など）はミッション機器となる。さらにそれら機器を構成する宇宙耐性のある部品が共通の属性として定義される。

7.4　事例：火星表面探査を例に

　ここでは，宇宙科学探査ミッションの具体例として，著者が2010年度より従事している「移動ロボットを用いた火星探査ミッション[1,2]」について，多空間デザインモデルに基づいて概説する。なお火星探査は，大規模かつ複雑なシナリオ・システムから構成されているため，ここでは，著者が主担当となっている探査ロボットに焦点をあてることとする。

　本ミッションにおける理学観測として，火星の年代・変遷を高精度に同定する火星年代測定，火星の過去（あるいは現在も）において生命が存在したか（するか）を同定する火星生命探査が主たる案として創出された。本ミッションでは，探査機のリソース（打ち上げ重量，火星投入重量）や開発コストが限られているため，最終的にいずれかの案に絞り込む必要がある。よって，それぞれの案について，多空間デザインモデルにおける「価値・意味」を精査し，さらに各観測を実現するための搭載装置，すなわち「状態・属性」に至るまでのフィージビリティが検討された。これら検討結果に基づき，本ミッションにおいては最終的に火星生命探査が主たる理学観測として選出された。

この火星生命探査を行なううえでは，生命がいると目される地域におもむいて土壌サンプルを採取し，生命の存否を検証する必要がある。このようなニーズを満たすための工学的なアプローチとして，着陸機を用いる案，あるいは移動ロボットを用いる案がそれぞれ創出・検討された。これらの案は，理学的価値・意味を最大化できるか，工学的価値・意味のある探査手法であるか，そして同案を実現するためのシステムや機器，すなわち「状態・属性」の技術成熟度が十分か，という点に基づいて検討がなされ，本ミッションでは移動ロボットを用いた案が選定された。

　以上の理学・工学の案について多空間デザインモデルにまとめたものを表7.3にまとめる。本ミッションは，2014年度末に宇宙航空研究開発機構宇宙科学研究所における戦略的中型計画として提案されたが，結果としてプロジェクト化は見送られることとなった。著者が担当した探査ロボットに関して省察すると，探査ロボットという手法の「価値・意味」が，国際的な位置づけにおいて突出したものではなかったこと，また「状態・属性」に関しては，ロボットシステムの一部については技術成熟度が高いものの，全システムとしての実現可能性が不十分であったことなどが考えられる。

　本ミッション提案はプロジェクト化には至らなかったが，上述のように，本ミッション検討結果を多空間デザインモデルへと投影することによって，どの「空間」において，シナリオ・システムの検討が不十分だったかを明確化できるという点は興味深い。すなわち，多空間デザインモデルによって，デザイン対象を事前解析するのみならず，その事後評価にも活用できるといえよう。

表7.3　多空間デザインモデルと宇宙科学探査ミッションの事例（移動ロボットによる火星生命探査）

空間	工学	理学
価値 意味	火星表面での移動技術の獲得，小型軽量，高自律機能，放射性同位体を用いない自立システム	宇宙生物学の創出，生命検出原理の実証
状態	不整地走破機能，火星環境に特化した太陽電池セル	生命検出装置，サンプル採取装置
属性	バッテリー，モーター，処理計算機，アンテナなど（宇宙仕様部品など）	蛍光顕微鏡，試薬，シャーレ，ターレット

第7章　宇宙科学探査ミッションのデザイン　　147

7.5 まとめ

　本章で述べたように，宇宙科学探査ミッションにおいては，ミッションそのものがデザイン対象であるにもかかわらず，そのデザイン構成には，理学と工学という2つの軸も鑑みなければならない点は興味深いのではないだろうか。さらに，ミッションの価値を決めるうえでは，表7.2に示したように，国としての政策方針や，国際的な宇宙探査の推移や潮流といった，いわゆる社会的要因が大きく影響している。このように，1つの科学探査ミッションに関して，理学的要因，工学的要因，さらには社会的要因といった3つの要因間において，価値や意味を共有し，宇宙科学探査ミッションを実現する必要があることに留意したい。

　宇宙科学探査ミッションにおけるシナリオのデザインおよびシステムのデザイン過程においては，「どのような探査シナリオが考えられるか」「新しい探査システムとは何か」という創発デザイン，さらには，そのシナリオやシステム候補のなかでより最適なアプローチを抽出する最適デザインをくり返さなくてはならない。このようなデザインプロセスにおいては，ときに参加メンバー間においても定性的な議論に陥る可能性がある。よって，ミッション検討においては，実現可能性や解決策を定量的に解析・評価する**フィージビリティ・スタディ**（feasibility study）[3] が重要であり，宇宙探査に限らず，企業プロジェクトや新製品開発過程などさまざまな場面において実施されている。また，これら検討結果を俯瞰し，優先順位をつけ，各メンバー間の意見を調整・集約するといったマネジメントスキルを有する，いわゆるプロジェクトマネージャーがミッションの立ち上げから達成プロセスにおいて，必要不可欠となっている。

（石上玄也）

参考文献

1) G. Ishigami et al.：Feasibility Study of a Small, Lightweight Rover for Mars Surface Exploration, Proc. of the 29th International Symposium on Space Technology and Science, ISTS, k-12（2013）
2) G. Ishigami et al.：Mission Scope Definition and Preliminarily Design Study of Mars Surface Exploration Rover, Proc. of the 30th International Symposium on Space Technology and Science, ISTS, k-39（2015）
3) 小池俊弘：フィージビリティ・スタディの方法「概念形成と問題解決」，一般社団法人情報処理学会連続セミナー，IT アーキテクト・CIO のための情報システム最前線（2006）

第8章

デザインの研究

　本章においては，多空間デザインモデルを用いたデザイン研究の特徴把握とその特徴から同研究領域の研究課題提示を実施した例を紹介する。産業革命以降に分業化されたデザインと工学設計は各々が独自の発展を遂げ，物質的な豊かさを生み出してきたが，同時に自然環境や社会に対して多くの課題も生み出してきている。この課題解決のためには，分業化されたデザインや工学設計の研究領域がもつ特徴を明確にするとともに，それらを効果的に活かすことが可能な連携を行なっていく必要がある。ここでは，デザインの研究の特徴をあぶり出すための道具（ツール）としての多空間デザインモデルの利用を中心に概説する。

8.1　デザイン研究の特徴把握の必要性

　18世紀の産業革命以降，安価な工業製品が生産されはじめ，その後の科学技術の発展に伴い，生産量と品質は飛躍的に向上した。その際，デザイナーによる芸術を視座としたデザイン行為と，エンジニアによる自然科学や工学を視座としたデザイン行為の2つに分業化したとされている[1]。前者はバウハウスによる意匠研究などを通して発展するとともに専門化が進んだ[2]。ここでは前者を「デザイン」と称する。また，後者は計算機の発達による構造解析や最適化などの研究を通して発展し専門化していった[3]。ここでは後者を「工学設計」と称する。このようなデザイン行為の分業化や専門化を伴う科学技術の発展は，安価で品質のよい工業製品を安定的に人々へ提供することを可能にし，物質的な恩恵を人々に与えた。しかし，同時に多くの問題を生み出している。たとえば，近年顕在化している大規模事故の発生，大量廃棄や大量消費による環境汚染をはじめとしたさまざまな社会問題があげられる。また，物質的に豊かな社会が構築されたことにより，物質的な豊かさから精神的な豊かさの充足へと人々の価値観も移行してき

ている[4]。さらに，情報化社会も相まって情報を瞬時に手に入れることが可能になったことで，人々の価値観の時間軸変化も大きく多様化している。そのため，21世紀においては，デザイン行為により生み出してきた多くの社会的問題を解決するとともに，精神的価値の充足と多様な価値観への対応が望まれている。

　しかし，現状のデザインや工学設計は，上記の諸問題へ対応しているとはいいがたい。その理由の1つとして，細分化された各デザイン領域において得られた膨大な知見の共有化が不十分であることがあげられる。各デザイン領域において得られた知見は自身の領域における適用可能な場（条件）は明確であるものの，他の領域へ知見を応用する場合，適用可能な場の範囲が不明確であることがあげられる。そのため，他の領域への知見の応用を視野にいれた適用可能な場の明示や，さまざまな領域にまたがる包括的な視点に基づいた場の研究が求められる。前述したデザインと工学設計を例にあげると，両者の実務においては用いる知識や方法論が異なることや共通の基盤を有していないことで，双方に適用可能な場を明示することができていない。その結果，得られた知見を適切に活用できず，前述した社会的問題や精神的価値への対応の本質的な解決策をデザイン行為に反映できないことが推測される。両領域の知見を双方向的に活用できれば，細分化により得られた膨大な知見を効率的に利用できるだけでなく，協調デザインのための基盤にもなりうる。このような知見の活用を行なうためには，包括的な視点に基づいた両デザインの特徴把握とそれに基づく指針や方策を提示する必要があるが，そのような知見は少ない。

　次節以降において，デザインと工学設計という質の異なる領域の特徴を把握するために多空間デザインモデルを用いた比較分析について説明する。また，分析から得られた特徴に基づく各領域における研究課題について概説する。なお，ここではデザインの実務の基盤である研究を対象とし，デザインを中心としたデザイン系領域と工学設計を中心とした工学設計系領域を分析対象としている。

8.2　多空間デザインモデルを視点とした研究論文の比較分析

8.2.1　分析対象と方法

　分析対象は，デザイン系領域と工学設計系領域における論文とし，過去10年分（1996年から2005年に発行済み，合計1,353編）のデザインおよび工学設計に関

する研究論文としている。また，論文における研究対象を評価するため，多空間デザインモデルを視点とした評価項目を設定し（表8.1），各項目の有無を評価した。

表8.1　多空間デザインモデルに基づく分析項目

多空間デザインモデルとの対応				対応させる基準
思考空間	空間内モデリング	要素関係把握	価値空間	個人の嗜好，好感，および主観的な判断などを研究対象としている
			意味空間	イメージ，コンセプト，意匠，および機能性などを研究対象としている
			状態空間	振動，応力，テクスチャの光沢などを研究対象としている
			属性空間	構造，寸法，色，および材料などを研究対象としている
		境界設定	価値空間	価値空間における要素の領域決定を研究対象としている
			意味空間	意味空間における要素の領域決定を研究対象としている
			状態空間	状態空間における要素の領域決定を研究対象としている
			属性空間	属性空間における要素の領域決定を研究対象としている
	空間間モデリング	評価	価値空間と意味空間	価値空間と意味空間における評価を研究対象としている
		発想		価値空間と意味空間における発想を研究対象としている
		評価	価値空間と状態空間	価値空間と状態空間における評価を研究対象としている
		発想		価値空間と状態空間における発想を研究対象としている
		評価	価値空間と属性空間	価値空間と属性空間における評価を研究対象としている
		発想		価値空間と属性空間における発想を研究対象としている
		評価	意味空間と状態空間	意味空間と状態空間における評価を研究対象としている
		発想		意味空間と状態空間における発想を研究対象としている
		評価	意味空間と属性空間	意味空間と属性空間における評価を研究対象としている
		発想		意味空間と属性空間における発想を研究対象としている
		評価	状態空間と属性空間	状態空間と属性空間における評価を研究対象としている
		発想		状態空間と属性空間における発想を研究対象としている
知識空間	客観的知識			研究対象の知識が物理学，人文科学，および社会科学における方法などである
	主観的知識			研究対象の知識が個人的・集団的なルールや経験や体験などである

第8章　デザインの研究　　151

評価方法について，表 8.2 に示す研究論文を例に説明する。この研究 [5] においては，天然皮革と代替皮革の風合い比較と，その風合い差の要因となる物理特性を明らかにしている。具体的には，触覚評価において，異方感，温冷感，凹凸感などが皮革の風合いに関与していることに加え，これらの特性には曲げおよび伸張異方性，熱吸収性，摩擦係数差などの物理特性が起因していることを明らかにしている。また，各皮革を特徴づける物理特性として，上記の特性に加え，曲げ剛性，曲げ抵抗増加率，伸張ヒステリシスロス率などを抽出している。さらに，これらの物性値を制御因子とした新しい皮革の設計法を提案している。

これを多空間デザインモデルの思考空間に当てはめると，まず，風合いに着目した皮革の特徴や特性の解明を実施していることから，「皮革らしい風合い」という価値を対象としている。次に，「異方感，温冷感，凹凸感」といった心理特性は，イメージや印象を表わしていることから，意味である。また，「曲げ剛性，曲げ抵抗増加率，伸張ヒステリシスロス率」といった物理特性は，力学条件の与え方により変化する物理要素であることから，状態である。さらに，「天然皮革」と「代替皮革」を比較対象としていることから，属性を対象としていることがわかる。以上のように，空間内モデリングとして，価値空間，意味空間，状態空間，および属性空間の要素関係把握を対象としている研究である。

一方，空間間モデリングに関しては以下のように評価している。属性である各皮革と比較がもつ「曲げ剛性，曲げ抵抗増加率，伸張ヒステリシスロス率」といった物理特性は曲げ試験や引張り試験を通して導いているため，属性空間から状態空間への評価が研究対象であるとした。また，心理特性と物理特性の関係について重回帰分析を用いて導いていることから，物理特性（状態空間）から心理

表 8.2　分析例

論文題名	研究対象	
	知識空間との対応	思考空間との対応
材料の感覚特性と物性値との対応（2）―天然皮革と代替皮革材料の風合い比較	主観的知識	天然皮革（属性）と人工皮革（属性）の風合い比較と，その風合い差の要因となる物理特性を解明した。その結果，皮革らしさ（価値）に対する触覚風合い（意味）に差が認められ，その差には，熱吸収性，スティックスリップ現象などの物理特性（状態）が起因していることが判明し，それらの物理特性を制御因子とした新たな設計法を示した。

152　第 2 部　多空間デザインモデルの応用領域

特性（意味空間）への評価が研究対象であるとした。

　知識空間について見ると，研究対象としている知識は，ユーザーが個別にもつイメージや印象が中心であるため，主観的知識が研究対象であると評価した。以上のような分析を対象とする研究論文に対して個別に実施した。

8.2.2　両領域の特徴

　分析により得られた結果を表8.3および図8.1に示す。このことからデザイン系領域においては「要素関係把握」における「意味空間」と「属性空間」をおもな対象とする研究が主流であることがわかる。また，工学設計系領域においては「要素関係把握」における「状態空間」と「属性空間」をおもな対象とする研究が主流であることがわかる。一方，両領域における「空間内モデリング」の「境界設定」については，研究対象としての扱いが少ないことがわかる。

表8.3　分析結果

<table>
<tr><th colspan="3" rowspan="2">多空間デザインモデルとの対応</th><th colspan="2">デザイン系領域
（440編）</th><th colspan="2">工学設計系領域
（913編）</th></tr>
<tr><th>編数</th><th>割合</th><th>編数</th><th>割合</th></tr>
<tr><td rowspan="16">思考空間</td><td rowspan="8">空間内モデリング</td><td rowspan="4">要素関係把握</td></tr>
<tr><td>価値空間</td><td>82</td><td>18.6</td><td>22</td><td>2.4</td></tr>
<tr><td>意味空間</td><td>353</td><td>80.2</td><td>285</td><td>31.2</td></tr>
<tr><td>状態空間</td><td>130</td><td>29.5</td><td>763</td><td>83.5</td></tr>
<tr><td rowspan="4">境界設定</td><td>価値空間</td><td>－</td><td>－</td><td>－</td><td>－</td></tr>
<tr><td>意味空間</td><td>3</td><td>0.7</td><td>3</td><td>0.3</td></tr>
<tr><td>状態空間</td><td>2</td><td>0.5</td><td>6</td><td>0.7</td></tr>
<tr><td>属性空間</td><td>4</td><td>0.9</td><td>5</td><td>0.5</td></tr>
<tr><td rowspan="10">空間間モデリング</td><td rowspan="2">価値空間と意味空間</td><td>評価</td><td>17</td><td>3.9</td><td>3</td><td>0.3</td></tr>
<tr><td>発想</td><td>5</td><td>1.1</td><td>2</td><td>0.2</td></tr>
<tr><td rowspan="2">価値空間と状態空間</td><td>評価</td><td>9</td><td>2.7</td><td>5</td><td>0.5</td></tr>
<tr><td>発想</td><td>3</td><td>0.7</td><td>3</td><td>0.3</td></tr>
<tr><td rowspan="2">価値空間と属性空間</td><td>評価</td><td>38</td><td>8.6</td><td>11</td><td>1.2</td></tr>
<tr><td>発想</td><td>6</td><td>1.4</td><td>6</td><td>0.7</td></tr>
<tr><td rowspan="2">意味空間と状態空間</td><td>評価</td><td>42</td><td>9.5</td><td>60</td><td>6.6</td></tr>
<tr><td>発想</td><td>9</td><td>2.0</td><td>10</td><td>1.1</td></tr>
<tr><td rowspan="2">意味空間と属性空間</td><td>評価</td><td>136</td><td>30.9</td><td>67</td><td>7.3</td></tr>
<tr><td>発想</td><td>25</td><td>5.7</td><td>24</td><td>2.6</td></tr>
<tr><td rowspan="2">状態空間と属性空間</td><td>評価</td><td>63</td><td>14.3</td><td>662</td><td>72.5</td></tr>
<tr><td>発想</td><td>16</td><td>3.6</td><td>176</td><td>19.3</td></tr>
<tr><td rowspan="2">知識空間</td><td colspan="3">客観的知識</td><td>195</td><td>44.3</td><td>886</td><td>97.0</td></tr>
<tr><td colspan="3">主観的知識</td><td>245</td><td>55.7</td><td>27</td><td>3.0</td></tr>
</table>

※　50%以上　10%未満

第8章　デザインの研究　　153

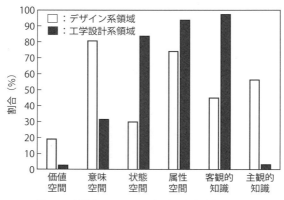

図 8.1　空間内モデリング（要素関係把握）の割合

次に，両領域において特徴的な空間における「空間間モデリング」に着目する．表 8.3 からデザイン系領域において，「意味空間と属性空間」の「評価」が最も高い．一方，工学設計系領域においては，「状態空間と属性空間」の「評価」が最も高いことがわかる．また，デザイン系領域と工学設計系領域ともに「発想」と比べて「評価」の割合が高いことがわかる．また，知識空間については，デザイン系領域において「主観的知識」の割合が高く，工学設計系領域において「客観的知識」の割合が高い．以上のことから，両領域で扱われている研究対象に対して，表 8.4 に示すような特徴があることがわかった．

8.2.3　両領域における特徴的な研究対象

デザイン系領域における研究論文では，意匠やユーザーの感性に関するデザイン要素を中心に扱う．その際，デザイナーや設計者は自身の感性などに基づき，対象の価値やイメージといった漠然としたデザイン目標から発見的に形や色といったデザイン解を導出する場合が多い．そのため，デザイン系領域では，上記のような研究対象が特徴的に扱われていると考えられる．また，デザイン解の導出過程を逆問題の解法ととらえた場合，逆推論よりも解法が容易な順推論を用いているため，デザイン系領域では，演繹（評価）を中心とした研究が行なわれていると考えられる．たとえば，形や色などの属性と，意匠などを表現するイメージとの関係性を明らかにする研究が多い．これは，イメージや印象といった意味空間の要素をおもな研究対象とすることで，概念デザインや基本デザインを行なう上流過程のデザインに利用可能な知見を導出しているといえる．

表 8.4　デザイン系領域と工学設計系領域の研究論文の特徴

			デザイン系領域	工学設計系領域
研究論文における特徴	思考空間	空間内モデリング	・意味空間と属性空間の要素関係把握が多い ・状態空間の要素関係把握が少ない	・状態空間と属性空間の要素関係把握が多い ・価値空間，意味空間の要素関係把握が少ない
			・すべての空間における境界設定が少ない	
		空間間モデリング	・意味空間と属性空間間における評価が多い	・状態空間と属性空間間における評価が多い
			・発想の割合が評価に比べて少ない	
	知識空間	客観的知識	・主観的知識を扱う研究が多い	・おもに客観的知識を扱う
		主観的知識		

　工学設計系領域における研究では，対象の機能や性能といった明確なデザイン目標が決まっている場合が多いため，まず機能などを物理現象に対応させ，物理現象のモデル化を行なう。次に，モデルに対して機能などを適切に表現する目的関数や制約条件が決定される。最後に，最適化法などに基づき，対象における最適な寸法や構造といったデザイン解を導出することが一般的といえる。そのため，工学設計系領域の研究では，上記のような研究対象が特徴的に扱われていると考えられる。そして，デザイン系領域と同様に，評価を中心とした研究が行なわれている。たとえば，機能に対応した状態空間のデザイン要素を扱う研究が多く行なわれている。これにより，工学設計系領域では場に依存する物理量である状態量に関する知見を蓄積して，それらの活用と伝承を的確に行なっているといえる。

8.2.4　研究対象とする知識の特徴

　表 8.3 より，デザイン系領域における研究では，多空間デザインモデルにおける客観的知識を扱いながらも，主観的知識を対象とした研究が多く行なわれていることが示された。デザイン系領域においては，前項で指摘したように，意匠やユーザーの感性に関するデザイン要素を中心に扱う研究が多く行なわれている。そのため，デザイン展開の際に利用する方法などは客観的知識を用いているものの，個人の経験や価値観などの主観的知識に対する研究も行なわれていると考えられる。言い換えると，デザイン系領域における研究では個人的な経験などの主

第 8 章　デザインの研究　　155

観的知識を一般性のある客観的知識に変換しているととらえることができる。

　一方，表8.3より，工学設計系領域の研究論文では，客観的知識に関する研究が9割以上行なわれていることが示された。工学設計系領域においては，前項で指摘したように，物理現象の解明などの自然科学に関する研究が多く行なわれている。そのため，実験やシミュレーションを用いて客観的知識を扱う研究の割合が大きくなっている。また，工学設計系領域の研究論文においては，明確な目標に対して物理量を定量的に扱うアプローチが中心である。そのため，デザイン系領域とは異なり，主観的知識に対する研究がきわめて少ないと考えられる。このことは，知識空間における両領域の研究論文の特徴をよく表わしているといえる。

8.3　両領域の今後の研究課題

8.3.1　デザイン系領域の今後の研究課題

　デザイン系領域における研究では，対象がもつ形状や色に対するユーザーのイメージといった感性を扱う研究が多く行なわれている。しかし，イメージに影響を与える原因には，対象の形状や色だけではなく，対象への光の当たり方といった場やそれに伴う対象の表面光沢などの状態量も重要であり，それらを考慮する必要がある。そのため，状態を研究として扱う問題は，人や環境に影響される対象が多くなる。そのような対象は非定常，非線形，および可塑性の特性をもつ特殊な対象である場合が多く，一定の境界条件に則って研究を行なうことが難しい。そのため，図8.2のデザイン系領域の特徴に示すように，状態空間を研究対象として扱うことが少ないと考えられる。

　この点を解決していくための方策の1つとして，工学設計系領域の研究論文にみられる特徴の導入があげられる。工学設計系領域においては，状態量に関する知見を蓄積していることから，それらを伝承し適切に活用できるという特徴を有している。デザイン系領域の研究においても，状態に対する多くの知見が蓄積されれば，人や環境に影響される特殊な対象に関する属性と状態の関係性が体系化され，自然科学における力学に対応するような学問を構築できる可能性も考えられる。そのような自然科学として，光学があげられる。意匠やユーザーの感性に大きな影響を与える感覚特性の1つとして視覚情報があり，光学は色の見え方や

156　　第2部　多空間デザインモデルの応用領域

陰影に関する視覚情報を状態量として記述できる可能性がある。そのため，状態空間における，光学における物理特性，人の感覚特性，およびそれらの関係に関する知見を蓄積していくことで，デザイン学研究に対する新たな指針を提供できると考えられる。このことから，デザイン系領域では今後の研究課題として，状態量による知見の蓄積と伝承の推進が示唆された（図8.2）。

8.3.2 工学設計系領域の今後の研究課題

工学設計系領域においては，価値や意味といった心理的な側面に関する検討がすでに行なわれている場合が多い。そのため，図8.2の工学設計系領域の特徴に示すように，価値空間や意味空間を研究対象として扱うことが少ないと考えられる。

ここで，実際の設計について考えると，複数の機能を実現する必要がある設計も多く，多目的問題を扱う場合が増える。このような問題では，機能間に**トレードオフ**（trade-off）の関係性が存在すると，導出される解が**パレート最適解**（pareto optimal solution）となる。パレート最適解とは，ある目的関数の値を改善するためには，少なくとも他の1つの目的関数を改悪せざるをえないような解である。また，パレート最適解は複数の解集合となるため，設計者はパレート最適解からその設計に対して適当な解を最終的に1つ選択する必要がある。

しかし，どの解が適当であるかを判断することは，機能1つひとつの物理現象に関する研究だけでは難しい。このような場合，各機能に対する要求の程度を評価する指標を設定することにより，解を選択する方法がある。具体的には，各機能を表現する目的関数に対して評価指標を与えることにより，複数の目的関数を1つの関数にまとめ，直接唯一解を求める方法である。

このような評価指標は，多空間デザインモデルにおける状態空間の要素に相当する。しかし，評価指標を設定するためには機能の関係性や優位性を考慮する必要がある。そのような機能の関係性や優位性は多空間デザインモデルにおける価値空間や意味空間の要素に相当する。そのため，デザイン系領域における研究のように意味空間を対象とした研究と，得意とする状態空間に対する研究の統合によるアプローチを実施することで多目的問題などにおいて最終的な解を選択する際の新たな指針を得られる可能性がある。このように，工学設計系領域では今後の研究課題として，意味空間と状態空間の統合的に扱う研究の推進が示唆された（図8.2）。

第8章　デザインの研究　　157

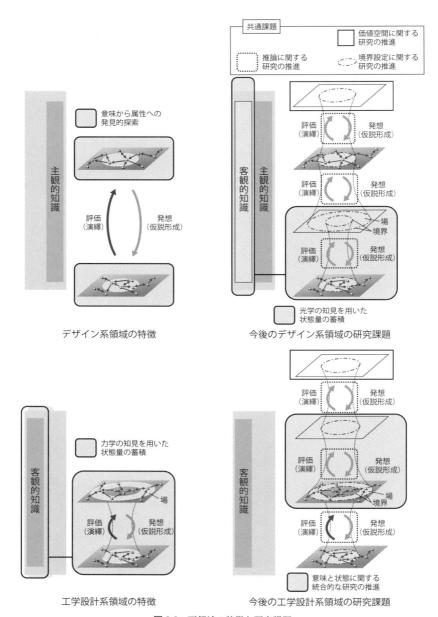

図 8.2　両領域の特徴と研究課題

8.3.3 両領域共通の研究課題

表 8.4 と図 8.2 に示したように，デザイン系領域と工学設計系領域においては，以下の 3 つに関する研究が少ない。

1 つ目は，価値空間に関する研究である。両領域ともに，社会的価値，文化的価値，ユーザー価値，およびつくり手の価値といったさまざまな価値を考慮していくことに加え，多様化する人の価値観に対応した新しい価値の創出も求められる。そのため，両領域が連携して価値空間のモデリングといった価値に関する研究を進めていく必要があるといえる。

2 つ目は，境界設定に関する研究である。デザイン行為において，対象とする要素の選定は考慮すべき要素が数多く存在し，互いに関係性をもっているため，重要な問題である。実際には，デザイナーや設計者が作業を進めるなかで要素はつねに選択されていると考えられる。しかし，デザイナーや設計者はその行為を，境界を設定しているという意識をもたずに行なっていると考えられる。そのため，両領域において，境界設定を特別にとらえて，研究対象として扱うことが少ない。境界設定を研究対象とすることにより，対象を構成する要素の決定に対して，新たな指針が得られると考えられる。そして，これは考慮する要素の選定，効率的な作業および新たな発想のきっかけにつながると考えられる。また，両領域がお互いに連携する際にも領域のちがいによる場（条件）を明確にすることになり，両領域の協調の一助になりうる。

3 つ目は，発想に関する研究である。デザイナーや設計者がアイデアを発想することは，仮説形成による推論で行なわれることが多い。そのため，両領域において，仮説形成を研究対象とすることにより，発想支援に対する新たな指針が得られる可能性がある。

以上のことから，両領域では今後の研究課題として，価値空間のモデリング，境界設定，および発想（仮説形成）に関する研究の推進が示唆された。これらの課題を克服することで，両領域による協調デザインの可能性があげられる。デザインの対象が同じ場合でも，デザインと工学設計では用いる視点や注目する部分が異なるが，多空間デザインモデルにおける価値，意味，状態，および属性のような包括的な視点を利用することで，共通の観点で扱うことが可能になる。そのため，異なる視点や注目点であっても共有し，議論することが容易になると考えられる。

8.4 研究の「道具」として

　本章では，多空間デザインモデルの利用による，デザインと工学設計という異なる研究領域それぞれの特徴とそれらに基づく研究課題の明確化について述べた。デザイン行為に用いる思考や知識が異なる領域間においても，多空間デザインモデルにおける空間や知識などの包括的な視点を用いることで比較分析が可能であることを示した。同モデルの有する包括的な表現に対する汎用性は高く，デザインという創造的な行為に用いる視点や指標としての有用性を兼ね備えているといえる。そのため，研究の「道具（ツール）」としての高い潜在能力を有している多空間デザインモデルの今後の応用と発展に期待する。

（佐藤浩一郎）

参考文献

1) Yoshiyuki Matsuoka, ed.：*Design Science ― "Six Viewpoints" for the Creation of Future ―*, Maruzen, 20-21（2010）
2) 三井秀樹：美の構成学―バウハウスからフラクタルまで―，中央公論社（1996）
3) 佐藤啓一：デザイン方法論研究の展望，設計工学，Vol.33，No.10，382-388（1998）
4) 内閣府「国民生活に関する世論調査」：http://survey.gov-online.go.jp/h28/h28-life/zh/z19-2.html，参照日 2017 年 10 月 25 日
5) 青木弘行他：材料の感覚特性と物性値との対応（2）―天然皮革と代替皮革材料の風合いの比較―，デザイン学研究，No.53，43-48（1985）

第9章 デザインの教育

本章では，大学のデザイン実習科目にMメソッドを用いることで，教育効果を図った事例を紹介する。元来，デザイン能力は，実務や実習の経験を重ねることで徐々に培われていく。しかしながら，近年，大学を含む教育機関では，学生が学ぶべきことも多く，デザイン実習に多くの時間を割けられない現実がある。ここでは，その問題を受け，短い実習時間において効果的にデザイン能力の向上を図る実習教育のあり方を述べるとともに，それを実現するためのコツについても紹介する。

9.1 デザイン実習教育の現状と課題

デザイン能力は，元来，実務あるいは実習の経験を重ねることにより，徐々にスパイラル上に培われるといわれている（図9.1）。これは，デザイナー・設計者やそれを目指す学生が実務や実習を通じて，自分なりの方法やデザインノウハウなどの**手続き的知識**（procedural knowledge）を獲得していくためである。このことを，多空間デザインモデル上で表現すると，価値，意味，状態，属性の各空間における分析（デザイン要素の抽出や関係づけ）とそれらの空間間にまたがる発想，評価といった思考を実務や実習で経験する。そして，彼らは，それらの経験

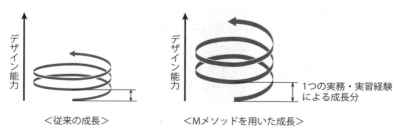

図9.1 実務・実習経験によるデザイン能力のスパイラルな成長

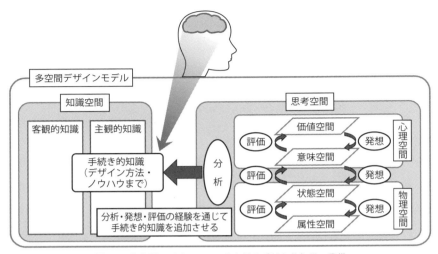

図 9.2 多空間デザインモデルから見た手続き的知識の獲得

から自分なりの方法などの手続き的知識を，主観的知識として徐々に獲得していくのである（図9.2）。

そのため，若手のデザイナー・設計者や学生は，さまざまなデザインの実務や実習の経験を重ねることが大切である。そして，それらの経験を通じて自らの手続き的知識を獲得し，デザイン能力を向上させていく必要がある。

しかしながら，現在の大学などの教育機関においては，学生たちは多くのことを学ぶ必要があり，カリキュラム上さまざまな科目が組み込まれている。そのため，多くの時間をデザイン実習に割けられないことから，少ないデザイン実習経験でも，デザイン能力の向上を図ることが強く望まれている（図9.1）。

9.2　Mメソッドの応用と期待される教育効果

学生にとって，特定のデザイン方法を用いずに，方法論上はまっさらな状態で，さまざまな失敗をすることもよい経験になる。それらの失敗により，デザインを進めるうえで，何をいかに考えるべきかといったデザイン方法論の重要性を認識することはその後の成長に役立つであろう。そのため，たとえば大学教育では，2年生など専門課程に入った最初のデザイン実習教育においては，特定のデ

ザイン方法を用いないことも有効である。

しかしながら，先述したように，現在の大学では，デザイン実習に多くの時間が割けないことから，実習経験がせいぜい2〜3回というケースも少なくない。そのようななか，ただ自由にみずからが考えて試行錯誤を重ねる実習のあり方では，やはり教育効果が薄くなってしまう。それでは，卒業までに，デザイン方法のあり方を身につけないまま，ただ失敗をくり返し，みずからうまくデザインできたという実感，成功体験を一度もしないまま，学生が卒業することになってしまう。やはり学生には，一度は成功体験らしきものを実感し，自信をもって社会に巣立ってほしいものである。

そのため，単に自由に試行錯誤をくり返してデザイン展開を行なうのではなく，デザイン経験が少ない学生にとって適切なデザイン方法を実習教育に採用することが有効である。そのデザイン方法の要件は以下である。

＜実習教育に採用するデザイン方法の要件＞

(1) デザイン行為の本質を実感できる：　実習教育を通じて，デザイン行為のあり方を体得することは，卒業後の実務に有効である。

(2) つかい方に自由度がある：　定型化され，詳細なつかい方が定義されたデザイン方法では，自由な発想を阻害する。つかい方には一定の自由度が必要である。

(3) 多様な領域に適用可能な汎用性を有する：　学生が将来従事しうる多様な領域に適用可能とすることで，実習での経験を有効に活用できる。

以上の要件を満足するデザイン方法として，**M メソッド**（**M method**）が有効である。M メソッドに基づいた分析，発想，評価の3つの思考を活用することで，多数のデザイン要素間の位置づけや関係性を適切に整理し，新規性を有するデザイン解が導出される。あわせて，M メソッドを用いることで効果的に体験値としてデザイン行為の本質を理解でき，卒業後もその方法を活用できる。

なお，M メソッドを用いることで具体的に期待される教育効果には，以下があげられる。

＜期待される教育効果＞

(1) 方法論の獲得：　M メソッドの使用を通じて，少ない実習でも効果的にデザイン方法やデザイン過程のあり方を体得することができる。卒業後も，M メソッドやそのエッセンスを即実践で活用できる（図9.1）。

第9章　デザインの教育　　163

(2) 新価値の創出： 価値空間と意味空間におけるデザイン要素を取り扱うことで，どのような意味がいかなる価値を生むのかの考察を助長し，新たな価値を生む発想を誘発する。また，属性空間に既存のシーズを置くことで，そのシーズを活かしたアイデアが発想できる。このことは，企業の協力による実習教育においては，その企業の固有技術を用いた新価値の創出が可能になり，産学連携にも有効である。

(3) グループ間での概念・情報の共有化： 価値，意味，状態，属性，および場の各空間でデザイン要素を整理し，それぞれの空間内，空間間の関係を明らかにすることで思考過程が可視化される。そのため，グループ間での共通認識に有効であり，グループワークに有効であるといえる。

9.3 デザイン実習教育の事例 —椅子のデザイン—

ここでは，慶應義塾大学理工学部機械工学科の3年生を対象に，椅子を題材にしたデザイン実習事例を紹介する。なお，これは，地元横浜の企業である日本発条（株）との産学連携によるものであり，モノづくりにおける現場のリアルな問題や知恵と工夫を活かした実習教育である。また，実習対象の学生の多くは，2年時に特定のデザイン方法を用いない実習教育を受講しており，自由にデザインをし，失敗の経験を経ている。

9.3.1 実習教育の概要

本実習は，1グループを6〜7人で構成したグループワークにより，椅子のデザインを実施している。対象とする椅子は，自動車用シートから車椅子までさまざまであり，その問題発掘と解決策（アイデア）の抽出を行なう概念デザインから始まる。図9.3にそのラフ・アイデアスケッチの事例を示す。

以降に，学生の作品の1つである「カーブでも快適な自動振り子シート」を事例とし，その概念デザイン・基本デザイン・詳細デザインごとに実習教育の概要を紹介する。

(1) 概念デザイン

概念デザインとは，与えられたデザイン要求を明確化し，それを満足するデザインのコンセプトや目標を決定する過程である。このような概念デザインの特徴を価値，意味，状態，属性の各思考空間からとらえると，主として価値空間と意

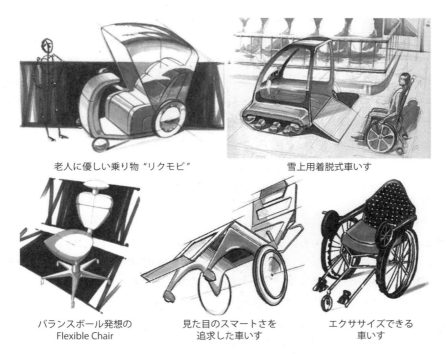

図9.3 ラフ・アイデアスケッチの事例

味空間を対象とした要素や要素間関係の検討が行なわれていく。もちろん，残る状態空間と属性空間がまったく検討されないわけではなく，必要に応じてこれらの検討も行なわれていく。

また，他の過程とは異なる概念デザインの特徴として，決定されるコンセプトや目標が唯一のものに絞られておらず，多様なデザイン案が創出される点があげられる。これは，後々の過程において明確化されてくる新たな制約条件に，対応していくことを想定しているためである。

このことから本実習での最初の段階では，椅子にどのような機能があるとよいか，Mメソッドを用いずにグループワークで議論，自由な発想かつ理にかなった思考で検討し，付加価値機能を設定する。付加価値の考え方の例として，「自動運転車の椅子」や「高齢者向けの椅子」のように交通環境や社会背景の変化に対応する際に求められる新しい価値や，「リラックスできる椅子」や「座り心地のよい椅子」のように人間の疲労改善や快適性向上の際に求められる新しい価値

を検討する。その後，新たな価値を明確化するための手法としてMメソッドを使用する。設定した付加価値機能は要素間関係図を用いて，価値，意味，状態，属性および場の視点を基にデザイン要素の関係性を整理するが，この際には抽出するデザイン要素数を少なくさせる。デザイン要素の抽出が多すぎると，いつのまにか既存の製品を前提にした要素をあげることになり，結果として，新たな発想が生まれづらいためである。1つの例として，カーブでも快適な自動振り子シートのMメソッドを以下に示す（図9.4）。

この例の場合，自動車の部品としてすでにそれぞれで使用されていたダンパとレールを組み合わせた振り子機構をシートに取り付けることと，ヘッドレストの形を工夫してフィット性を上げることで，自動車がカーブを曲がる際に自動で椅子が傾き，乗員の体が遠心力で振られることなく快適に過ごせるという新たな価値が創出された（図9.5）。

(2) 基本デザイン

基本デザインとは，概念デザインで得られた結果をもとに，デザインを具体化する過程であり，基本構造，基本形状，基本レイアウトなどが決定される。同過程においては，技術的考慮や経営的考慮も交えつつ，デザインの具体化を進めていく。このような基本デザインの特徴を価値，意味，状態，属性の各思考空間からとらえると，概念デザインで得られた価値空間と意味空間を基点として，意味空間，状態空間，属性空間を対象とした要素や要素間関係が検討される。もちろん，残る価値空間がまったく検討されないわけではなく，必要に応じてこれらの

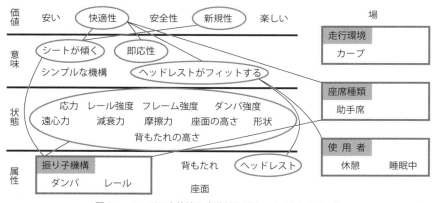

図9.4　カーブでも快適な自動振り子シートのMメソッド

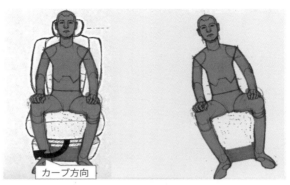

図 9.5　概念デザインで創出されたデザイン解

検討も行なわれる。

　本実習ではこの概念デザインにおいて，全体的な展開を重視し，Mメソッドの1つであるM-QFDを用いてデザイン対象に関する価値・意味・状態・属性の要素間関係の有無，要素間関係の有向性を含めて明確にしていく（図9.6）。これによりすべての設計要素が俯瞰可能になることから，グループ内での情報共有化と協調が容易になるだけでなく開発過程のドキュメント化ができ，2次的・3次的な間接的影響を考慮した最少設計変更が可能になる。このことは企業においても開発費の削減やコストの低減につながるため，非常に有効な手法だといえる。

　この結果をもとにデザイン対象の構造（機構）や効果を表わすスケッチを描く。スケッチはアイデア出しやグループ内情報共有化においても重要となる。

　基本デザインで創出されたデザイン解を図9.7に示す。

(3) 詳細デザイン

　詳細デザインとは，基本デザインで得られた結果をもとに，デザインを詳細化する過程であり，詳細構造，詳細形状などが決定される。同過程においては，部品の材料や寸法などの決定事項が，図面などのかたちで明確に記述される。このような詳細デザインの特徴を価値，意味，状態，属性の各思考空間からとらえると，基本デザインで得られた意味空間，状態空間，属性空間を基点として，状態空間，属性空間を対象とした要素や要素間関係の検討が行なわれていく。もちろん，残る価値空間と意味空間がまったく検討されないわけではなく，必要に応じてこれらの検討も行なわれていく。

　このことから本実習ではスケッチで描いた構想図を具現化するために，基本的

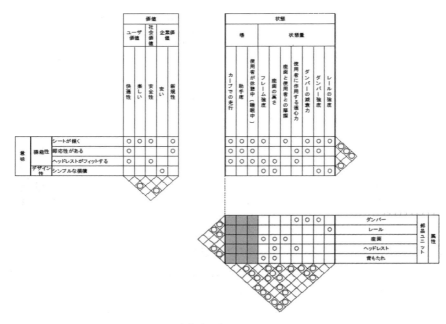

図 9.6　カーブでも快適な自動振り子シートの M-QFD

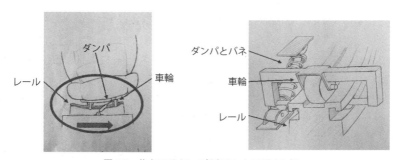

図 9.7　基本デザインで創出されたデザイン解

な自動車用シートをベースに CAD をつかってデザイン対象の構造の詳細デザインをする。機械力学の基礎，材料力学の基礎の知識に基づいた 3 次元の CAD モデルと 2 次元の図面を作成する。必要な性能が確保できているか確認するために性能計算（図 9.8）や CAE や FEM による強度計算（図 9.9）を行なう。

●モデル図

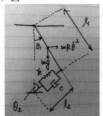

R：レールの曲率半径[m]
m：(座面+背面+搭乗者)の合計質量[kg]
k：バネ定数[N/m]
c：ダンパの減衰係数[kg/s]
a：車の加速度[m/s²]
g：重力加速度[m/s²]
θ_1：座席の変位角[rad]
θ_2：バネ・ダンパ機構の変位角[rad]
L_1：背面+座面の全長[m]
L_2：背面+座面の全長[m]

●ダンパの応答時間及び減衰係数

運動方程式

$$I\ddot{\theta}_1 = (\frac{1}{2}mgl_1 + 5kl_2^2)\theta_1$$

とMATLABを用いて，パラメータを決定すると応答時間t及び減衰の様子が求まるプログラムを作成．

→減衰係数c=800kg/sを代入すると，応答時間t=4sを達成．

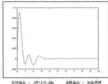

縦軸：変位角　横軸：時間

図9.8　カーブでも快適な自動振り子シートの性能計算

図9.9　カーブでも快適な自動振り子シートの強度計算

また，デザイン対象の2次元の図面をもとに材料費，部品費，加工費，型費などについてコスト計算を行なう．それによりデザインした機能の妥当性を検証できることを学び，機能を向上させることだけではなく，コストとのバランスを考えてデザインする必要があることを学ぶ．

詳細デザインで創出されたデザイン解を図9.10に示す．

9.3.2　Mメソッドを適用するうえでのコツ

本実習教育においては，デザイン経験がほとんどない学生が対象である．そのため，Mメソッドを適用するうえでは，いくつかのコツ（工夫）を要した．その実施事例を下記に示す．

(1) デザイン科学の講義科目と連動させる：　実習においてMメソッドを利用

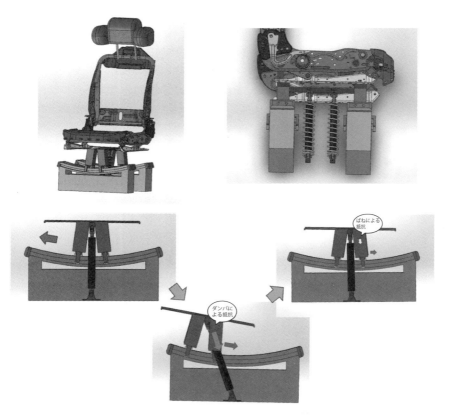

図 9.10　詳細デザインで創出されたデザイン解

する際には，その本質や意義など，M メソッドのベースとなる多空間デザインモデルを含むデザイン科学をある程度理解することが大切である．そのため，それらに関する知識の教育は，講義科目において実施し，講義科目と実習科目の連動を図った．なお，慶應大での講義科目は，概念デザインから基本デザインに注目する創発デザインと，それ以降の詳細デザインに注目する最適デザインという，本質的に異なる 2 つのデザインを意識的に分けて講義している．

(2) 問題発掘過程では M メソッドを用いずに自由に発想させる： デザイン問題を発掘する初期の過程においては，M メソッドを用いずに，自由に考え，

発想させている。デザイン行為に不慣れな学生においては，ある程度，問題を自由に発掘し，それにかかわるデザイン要素が抽出された段階で，それらのデザイン要素を価値，意味，状態，属性，場という枠組みに分ける M メソッドの過程に入るほうが有効である。

(3) デザイン過程で M メソッドをつかい分ける：　デザインの上流過程である概念デザインと基本デザインにおいては，それぞれ適切な M メソッドをつかい分ける。本教育では，前者には，発想を重視して KJ 法に類似した多空間要素展開法（M-BAR）を，後者には，全体的な展開を重視して多空間品質機能展開（M-QFD）をそれぞれ採用している。

(4) デザイン要素数を少なくさせる：　デザインの上流過程において M メソッドを適用する際，多くのデザイン要素（価値，意味，状態，属性，場）を抽出しすぎないように指導することが必要である。デザイン要素の抽出が多すぎると，いつのまにか既存の製品を前提にした要素をあげることになり，結果として新たな発想が生まれづらいためである。

(5) M メソッドを適用するうえでアイデア展開に注力させる：　デザイン要素を抽出することや要素間の関係を考えることに夢中になり，肝心のアイデアの発想がおろそかになることもある。M メソッドの展開中は，そのつど，スケッチやポンチ絵を描くなど，アイデアを発想することに注力するように指導が必要である。

9.4　まとめ

本章では，M メソッドをデザイン実習教育に適用する際の方法と教育効果を述べた。また，椅子のデザインを対象とした実習教育に M メソッドを適用した事例に関して，その適用上のコツをまじえて紹介した。この実習教育は，10 年以上にわたり試行錯誤を重ねながらその方法を徐々に改善してきたものである。その結果，卒業生からは，企業において即利用可能な有効な経験であったと多くの声が寄せられている。限られたデザイン実習時間しか割けない現状の学校教育においては有効な実習教育であり，デザイン実習教育における今後の 1 つのあり方を示したものといえる。

（増田耕・佐々木良隆・林章弘・松岡由幸）

参考文献

1) 芸術工学会地域デザイン史特設委員会編：日本・地域・デザイン史Ⅱ，美学出版，198（2016）
2) 松岡由幸編：Mメソッド ―多空間のデザイン思考，近代科学社（2013）
3) 松岡由幸：図解 形状設計ノウハウハンドブック ―デザイン科学が読み解く熟練設計者の知恵と工夫，日刊工業新聞社，11-23（2010）
4) 松岡由幸編：創発デザインの概念，共立出版（2013）
5) 松岡由幸，宮田悟志：最適デザインの概念，共立出版（2008）
6) デザイン塾監修，松岡由幸編：デザインサイエンス ―未来創造の"六つ"の視点，丸善出版（2008）

第3部

M メソッドを用いたデザイン事例集

第1章

| M-BAR の事例

オフィス機器のデザイン

　本章では，オフィス機器の1つであるワークデスクのデザイン事例を紹介する。その際，Mメソッドの1つであるM-BARを用いて，多空間（価値，意味，状態，属性，場）の視点からデザインを進めた。その結果，M-BARを用いることで，ワークデスクの2つの価値である「柔軟性」と「美しさ」を導出することができた。「柔軟性」は，デスクの天板と一体化した脚形状を円弧形状にすることにより，PCやプロジェクターなどの配線を自由に取り回し，それらを好みの場所に配置できる価値のことである。「美しさ」は，デスクの天板と脚を一体化した形状にすることにより，複数並べたときにも有機的に一体化する形状とし，単体においても複数並べたときにおいても美しいという価値のことである。本事例では，これらの2つの価値を両立した新たな価値を有するワークデスクのデザインを実現することができた。

1.1　オフィス機器のデザインとMメソッドの応用可能性

　近年，パソコン，スマートフォン，タブレット端末，および小型プロジェクターなど，オフィスにおけるデバイスは多様化している。さらに，インターネットを用いたミーティングやデスクの共有化など，ワークスタイルの多様化が進んでいる。このような状況において，オフィスにおけるワークデスクには，これらの多様性に関する新しい価値が求められている。

　ここでは，それらの背景を視野に入れ，Mメソッドの1つであるM-BARを用いて実施したオフィスのワークデスクのデザイン事例を紹介する。

1.2　MメソッドのM-BARを用いたオフィス機器のデザイン事例

　本節では，多空間（価値，意味，状態，属性，場）の視点からデザインしたワー

クデスクについて，M-BAR の 4 つのステップ（第 1 部第 5.1 節参照）に分けて紹介する。

1.2.1 ステップ 1：デザイン要素の抽出

ステップ 1 では，多様なアイデア展開を行ない，検討するために，アイデアスケッチを描きながら多数の要素を抽出し，多空間（価値，意味，状態，属性の空間）に配置した（図 1.1）。たとえば，「変形するデスク」のスケッチ（図 1.2）から「柔軟性」「配線しやすい」「グループワーク」「構造」などの要素を抽出し，「柔軟性」は価値，「配線しやすい」は意味，「グループワーク」は状態，「構造」は属性に配置した。

1.2.2 ステップ 2：デザイン要素の分類

ステップ 2 では，まず，ステップ 1 で抽出したデザイン要素を各空間においてグルーピングし，作成したグループにグループ名を記述し要素の分類を行なった（図 1.3）。次に，分類した要素のなかから，発想につながりそうな要素に注目し，アイデアスケッチによるデザイン展開を行なった（図 1.4）。たとえば，価値である「機能価値」と「感性価値」に注目した。また，状態である「ワークスタイル」に注目し，アイデアスケッチを描きながら，デザイン展開を行なった。

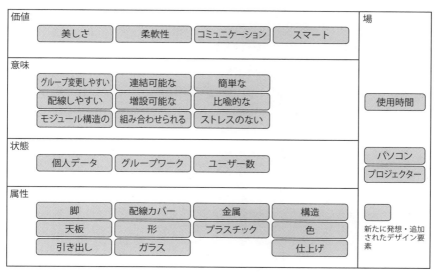

図 1.1　ステップ 1：デザイン要素の抽出

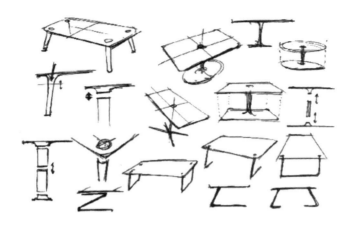

図1.2 変形するデスクのスケッチ

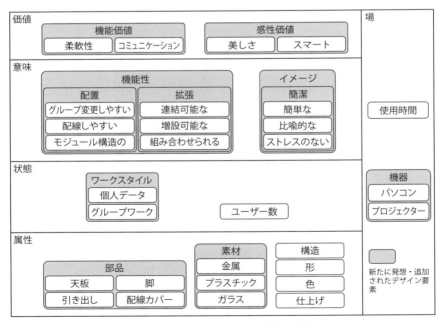

図1.3 ステップ2：デザイン要素の分類

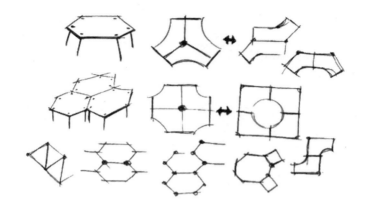

図 1.4 発想につながる要素に注目したアイデアスケッチ

1.2.3 ステップ3：デザイン要素の構造化

ステップ3では，まず，ステップ2で作成したグループのうち，関連性の強いものを線で結び，要素間の関係づけを行なった（図1.5）。次に，ステップ2で注目した要素に関係する要素に注目し，アイデアスケッチによるデザイン展開を行なった。たとえば，「柔軟性」と「美しさ」には「配置」と「簡潔」が関係し，「ワークスタイル」には「構造」が関係しており，それらに注目することで，アイデアスケッチを描きながら，「配線を隠せる構造のデスク」を発想した（図1.6）。

1.2.4 ステップ4：デザイン要素の分解と追加

ステップ4では，ステップ3で関係づけた要素の分解と追加を行ない，アイデアスケッチを再検討した。まず，ユーザー数の変化に対応する必要があると考え，状態に「デスク数」と「デスク配置」を加えた。そして，見た目の簡易性を検討するために，「構造」を具体化する要素として「連結」，同様に「形」として「ハニカム」を加えた。最後に，各要素について再度関係づけを行ない（図1.7），注目した要素に基づいてアイデアスケッチによるデザイン展開を実施し，最終デザインを導いた（図1.8）。

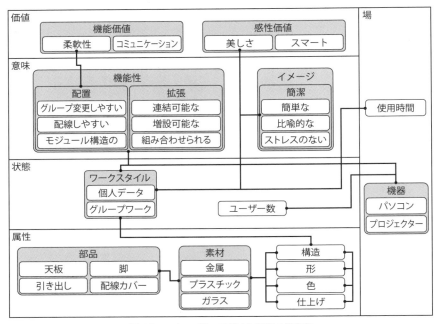

図 1.5　ステップ 3：デザイン要素の構造化

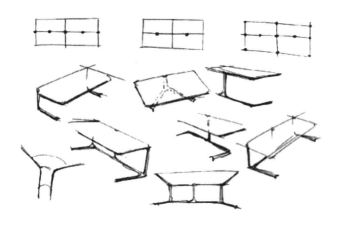

図 1.6　配線を隠せる構造のデスクのアイデアスケッチ

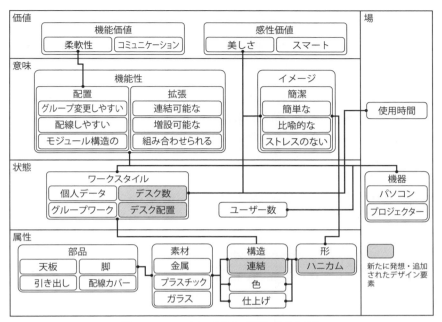

図 1.7 ステップ 4：デザイン要素の分解と追加

図 1.8 最終デザイン

1.3 まとめ

　本章では，オフィス機器のデザイン事例として，多空間（価値，意味，状態，属性，場）の視点からデザインしたワークデスクについて，M-BAR の 4 つのス

テップに分けて紹介した。

まずステップ1では，多数の要素とスケッチの展開をくり返し，価値，意味，状態，属性における多様なアイデア展開ができるように，構造や製造性などの制約条件を除いて検討した。

次にステップ2では，要素を分類することで注目すべき価値と状態を検討した。その際，ワークデスクの新しい価値となりうる「柔軟性」と「美しさ」に注目した。また，「柔軟性」との関係性が想定される状態として，「ワークスタイル」にも注目した。

さらにステップ3では，要素間の関係づけを行ない，ステップ2で注目した価値と状態に関係する意味と属性を明らかにした。価値である「柔軟性」と「美しさ」に関係する意味である「配置」と「簡潔」，および状態の「ワークスタイル」に関係する属性である「構造」に注目した。そして，注目した価値，意味，状態，属性の要素に基づき，アイデア発想を行なった。

最後にステップ4では，価値，意味，状態，属性の要素とアイデアスケッチに基づき，要素の分解と追加を行なった。そして，状態の「デスク数」，属性の「構造」と「形」を具体化した「連結」と「ハニカム」の要素を追加し，「拡張」「簡潔」「デスク数」「デスク配線」「連結」「ハニカム」に注目して，最終デザインを導いた。

以上により，MメソッドのM-BARを活用することにより，ワークデスクの価値である「柔軟性」と「美しさ」を明らかにするとともに，それらを実現するための意味，状態，属性を検討することができるようになり，2つの価値を両立した新たな価値を有するワークデスクを導くことができた。また，状態である，「ワークスタイル」を意識したアイデアの発想ができるようになり，それらの状態に対応したワークデスクのデザインを実現することができた。

（浅沼尚・松岡慧）

参考文献
1) 松岡由幸編：Mメソッド 多空間のデザイン思考，近代科学社（2013）

第2章
アイウェアのデザイン

M-BAR の事例

　本章では，ライフスタイルや使用環境に適応するアイウェアのデザイン事例を紹介する。その際，M メソッドの 1 つである M-BAR を用いて，多空間（価値，意味，状態，属性，場）の視点からデザインを進めた。その結果，M-BAR を用いることで，アイウェアの 2 つの価値である「携帯性」と「美しさ」を導出することができた。「携帯性」は，フレームを回転させながら折りたたみ，レンズサイズにまでコンパクトにできるようにすることで，持ち運びや収納に配慮する価値である。「美しさ」は，フレームの継ぎ目のない滑らかで繊細なフォルムに仕上げることにより，着用時と携帯時のそれぞれにおける美しさという価値である。本事例では，これらの 2 つの価値を両立した新たな価値を有するアイウェアのデザインを実現することができた。

2.1　アイウェアのデザインと M メソッドの応用可能性

　アイウェアは視力を矯正するだけでなく，ファッション性も重要視されているため，さまざまな色，形，素材のアイウェアがデザインされている。また，コンタクトレンズやレンズのないアイウェアの普及に伴い，持ち運びやすさや装着時の美しさなど，アイウェアのデザインにはさまざまなライフスタイルや使用環境に合わせた新しい価値が求められている。

　ここでは，それらの背景を視野に入れ，M メソッドの 1 つである M-BAR を用いて実施したアイウェアのデザイン事例を紹介する。

2.2　M メソッドの M-BAR を用いたアイウェアのデザイン事例

　本節では，多空間（価値，意味，状態，属性，場）の視点からデザインしたアイウェアについて，M-BAR の 4 つのステップ（第 1 部第 5.1 節参照）に分けて紹介

する。

2.2.1 ステップ1：デザイン要素の抽出

ステップ1では，アイデアスケッチを行ないながら要素を抽出し，場と多空間（価値，意味，状態，属性，場の空間）に配置した（図2.1）。たとえば，「ケースに収まりやすいアイウェア」のスケッチ（図2.2）から「携帯性」「折りたためる」「ときどきつかう」「構造」などの要素を抽出し，「携帯性」は価値，「折りたためる」は意味，「ときどきつかう」は場，「構造」は属性に配置した。

2.2.2 ステップ2：デザイン要素の分類

ステップ2では，まず，ステップ1で抽出した要素を場と各空間（価値，意味，状態，属性，場）のなかでグルーピングし，グループ名を記述した（図2.3）。次に，分類したデザイン要素のなかから，新しいアイデアの発想につながりそうな要素に注目し，それらの要素に基づいてアイデアスケッチ（図2.4）によるデザイン展開を行なった。たとえば，アイウェアの価値として「機能価値」と「感性価値」に，場として「使用状況」にそれぞれ注目し，アイデアスケッチを行ない，「3つに折りたたんで小さくなるアイウェア」を発想した。

2.2.3 ステップ3：デザイン要素の構造化

ステップ3では，まず，ステップ2で作成した要素グループのうち関係性の強

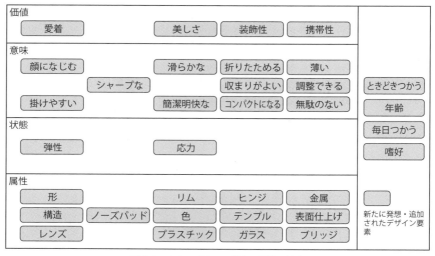

図 2.1　ステップ1：デザイン要素の抽出

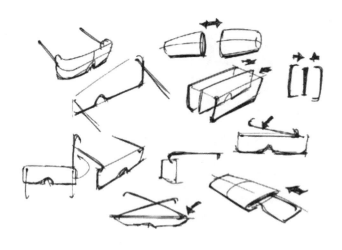

図 2.2　アイウェアのアイデアスケッチ

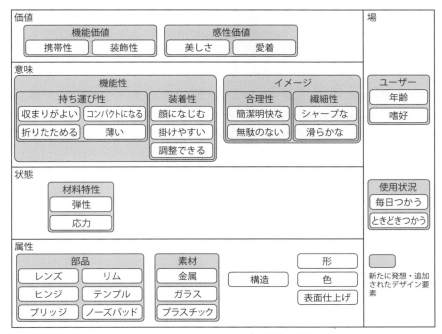

図 2.3　ステップ 2：デザイン要素の分類

第 2 章　アイウェアのデザイン

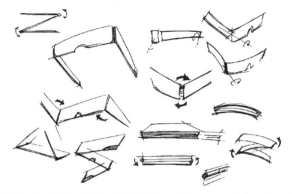

図 2.4 3つに折りたたんで小さくなるアイウェアのアイデアスケッチ

いものを線で結び，要素グループを関係づけた（図 2.5）．次に，ステップ 2 で注目した要素に関係する要素に着目し，アイデアスケッチ（図 2.6）によるデザイン展開を行なった．たとえば，「携帯性」と「美しさ」に関係する意味として「持ち運び性」と「合理性」に，場として「使用状況」にそれぞれ注目することで，最終的に「5 つに折りたたんで小さくなるアイウェア」を発想した．

2.2.4 ステップ 4：デザイン要素の分解と追加

ステップ 4 では，ステップ 3 で関係づけた要素の分解と追加（図 2.7）を行ない，アイデアスケッチを再検討した．まず，ユーザーのさまざまな顔の形に合わせるために，場の要素に「顔の形」を加えるとともに，状態の要素に「可動」と「連結」を加えた．さらに，属性の「構造」を具体化する要素として「回転」と「折りたたみ」を加えた．最後に，追加した要素に基づいて，アイデアスケッチによるデザイン展開を行ない，最終デザインを導いた（図 2.8）．

2.3 まとめ

本章では，アイウェアのデザイン事例として多空間（価値，意味，状態，属性，場）の視点からデザインしたアイウェアについて，M-BAR の 4 つのステップに分けて紹介した．

まずステップ 1 では，要素の抽出とスケッチの展開をくり返し，価値，意味，

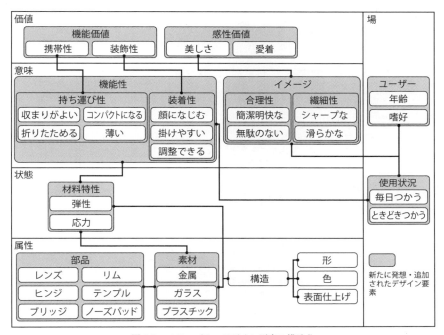

図 2.5　ステップ 3：デザイン要素の構造化

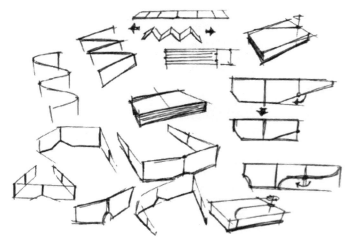

図 2.6　5 つに折りたたんで小さくなるアイウェアのアイデアスケッチ

第 2 章　アイウェアのデザイン

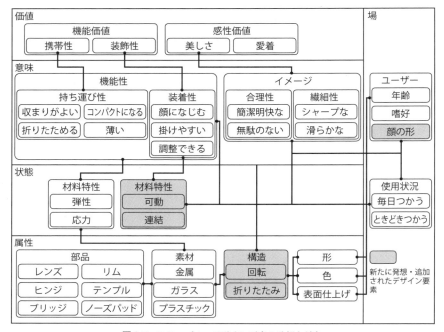

図 2.7　ステップ 4：デザイン要素の分解と追加

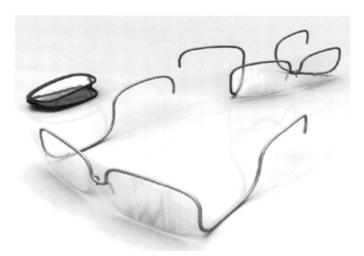

図 2.8　最終デザイン

186　第 3 部　M メソッドを用いたデザイン事例集

状態，属性，場におけるさまざまな要素を抽出した。この際，多様なアイデア展開ができるように，コストや製造性などの制限を設けずに検討した。

次にステップ2では，要素を分類することで注目すべき価値と場を検討した。アイウェアの新しい価値となりうる「携帯性」，アイウェアの基本的な価値である「美しさ」，また，場である「使用状況」に注目した。

さらにステップ3では，要素間の関係づけを行ない，ステップ2で注目した価値と場に関係する意味と属性を明らかにした。具体的な価値の「携帯性」と「美しさ」に関係する意味としての「持ち運び性」と「合理性」，また，場の「使用状況」に注目した。そして，それらの価値，意味，状態，属性，場の要素に基づき，アイデアを発想した。

最後にステップ4では，価値，意味，状態，属性，場の要素とアイデアスケッチに基づき，要素の分解と追加を行なった。その結果，状態の「可動」と「連結」，場の「顔の形」，属性の「構造」を具体化した「回転」と「折りたたみ」の要素を追加したのち，意味の「装着性」と「繊細性」，状態の「可動」と「連結」，場の「顔の形」属性の「回転」と「折りたたみ」に注目し，アイウェアのリム，ブリッジ，テンプルに回転ヒンジ構造を設けた最終デザインを導いた。

以上により，MメソッドのM-BARを活用することにより，アイウェアの価値である「携帯性」と「美しさ」を明らかにするとともに，それらを実現するための意味，状態，属性を検討することができるようになり，2つの価値を両立した新たな価値を有するアイウェアを導くことができた。また，場である「使用状況」と「顔の形」を意識したアイデアが発想できるようになり，それらの場に対応したアイウェアをデザインすることができた。

（浅沼尚・松岡慧）

参考文献
1) 松岡由幸編：Mメソッド 多空間のデザイン思考，近代科学社（2013）

第**3**章

|M-BAR の事例

プロダクトデザイン教育

　本章では，大学 3 年生に対する課題発見・解決力の育成を目的としたデザイン演習に M メソッドを用いることで，教育効果の向上を図った事例を紹介する。それまで，デザインのテーマや解決すべき課題などがあらかじめ提示された基礎的な演習に慣れた学生にとって，みずからテーマを決め課題発見を行なうことは容易ではない。しかし，M メソッドの 1 つである M-BAR を活用することにより，デザインにおいて考慮すべきデザイン要素〔価値・意味・状態（場）・属性〕に対応したキーワードの抽出が容易となり，スケッチやペーパーモデルによる表示技法を活用したデザイン案の発想と組み合わせることで，使用者にもたらす新たな価値を創出することができた。

3.1　プロダクトデザイン教育の課題と M メソッドの応用可能性

　大学のプロダクトデザイン教育は，一般に基礎的な知識やスキルの修得過程とデザイン実務に則した課題制作を行なう演習過程からなる。静岡文化芸術大学では，1 ～ 2 年次はデザインを学んでいくうえで基本となる知識や基礎的なスキルである各種の素材加工や表示技法などを学ぶことで，デザインに必要な発想力や表現力を習得する期間とする。その後，3 年次からは課題発見・解決力の育成を目的とし，みずから設定したテーマに対してデザインの課題を発見し解決策を提示することを求める総合的な演習に入る。しかし，それまで基礎的なスキルの修得を目的に，デザインのテーマや解決すべき課題などがあらかじめ提示された演習に慣れた多くの学生にとって，みずからデザインのテーマを決め課題発見を行なうことは容易ではない。そのため，多くの学生がテーマ決定まで長い時間を要することはもとより，演習を進めるうちにテーマを変更する学生も多く存在することが課題となっている。

　本章では，身のまわりのモノやコトを見直すことで新しい解決策や新たな可能

188　　第 3 部　M メソッドを用いたデザイン事例集

性をデザインすることを目的に，Mメソッドの1つであるM-BARを課題発見・解決力の育成を目的とした3年次の演習へ活用した事例を紹介する。

3.2　M-BARを用いたプロダクトデザイン教育の事例

3.2.1　M-BARと多空間デザインモデルの理解

　演習開始前の準備として，具体的なデザイン開発事例が多く紹介されている書籍[1]を使用して，Mメソッド（M-BAR）と多空間デザインモデルについて学習した。しかし，価値，意味，状態，および属性の各デザイン要素の概念は，デザイン経験の少ない3年次の学生が理解するには難しかったため，それまでの1，2年次の演習で取り上げた課題を用いて具体例を提示した。たとえば，属性としてデザイン対象の形状，色彩，および材料，状態としてユーザーやデザイン対象が使用される環境や特性，意味としてデザインのイメージや機能それぞれが該当することを説明した。さらに，価値として演習のテーマとして各自が扱うデザイン対象の社会的，文化的，および個人的価値などが該当することを説明し，理解を深めた。

3.2.2　日常の生活から感じる疑問からの問題点の抽出とテーマの決定

　まず，ブレーンストーミングにより，日常の生活で感じる疑問や不便な点などについて問題点の抽出を行なった。次に，ディスカッションで抽出されたキーワードを，家庭と社会や日常と非日常などを基準として親和図法を用いて分類した。さらに，それらを連関図法でつなぐことで評価し，各自のテーマを決めた。

　得られたテーマとして「未使用時の収納に困らない洗濯ハンガー」「手が濡れない傘の折りたたみ機構」および「小児糖尿病患者のためのインスリンポンプ」など，学生たちの身近な経験に基づいた，さまざまなステークホルダーの価値や場を想定したテーマがあげられた。ここでは，これらのなかから「音遊び玩具」（図 3.1）のデザインを紹介する。

3.2.3　多空間デザインモデルによるキーワードの抽出とスケッチの展開

　音遊び玩具をテーマとしたきっかけは，「小さな子供は音の出る玩具が大好きである。しかし，小学生になって楽器の演奏になると皆が好きとは限らない」という疑問からであった。そこで，まず，音と子供の成長について調査を行ない，体をつかって楽器を演奏することで聴覚や体の動きをコントロールする力がつく

図 3.1 音遊び玩具

こと[2]など，音が子供の成長によい影響を与えることを確認した。このことから，感性に関する価値要素である感性価値として「音や音楽に興味をもつ」と「思い出をつくる」を抽出した。また，音の出る玩具や楽器を演奏することは，言語や数の認識力，集中力や注意力，衝動のコントロールが身につくとともに，コミュニケーション能力も身につき，社会性や協調性などの発達も期待できる[2]ことから「自分を表現できる」を抽出した。

次に，抽出した価値要素をもとにイメージに関する意味要素として「安心感のある」「持ちやすい」および「愛着のわく」を抽出した。さらに，これらの意味要素をもとにユーザーに関する場の要素として「3～6歳」と「男女」，使用状況に関する場の要素として「ひとりで」と「みんなで」，環境に関する場の要素として「屋内」と「屋外」，音に関する状態要素として「振動」と「打撃」を抽出した。最後に，抽出した状態要素をもとに形状に関する属性要素として「四角」と「まる」，材料に関する属性要素として「木」と「樹脂」，パーツに関する属性要素として「振動版」と「発音体」を抽出した。抽出したデザイン要素を図 3.2 にまとめる。

デザイン要素（キーワード）の抽出と並行して，スケッチによりデザイン案のイメージを展開した（図 3.3）。スケッチは，外形線に簡単な陰影をつけることで立体感を表現する**ラフスケッチ**（rough sketch）とし，形状や構造の詳細よりも，全体のイメージを強調しながら短時間で多くのデザイン案を展開することで，多くのキーワードの抽出を導くようにした[3]。イメージを表わす意味要素として抽出された「安心感のある」と「持ちやすい」，状態要素である「振動」と「打撃」，

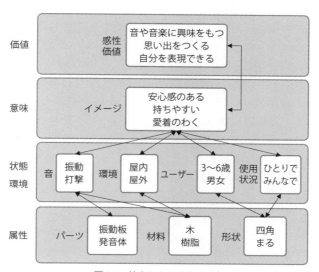

図 3.2　抽出したデザイン要素

図 3.3　スケッチによるデザイン案の展開例

属性要素である「四角」「まる」および「木」などから，手に持ちやすい大きさの円柱や立方体形状をベースとしたデザイン案を展開した．

3.2.4　キーワードとスケッチの追加

多空間上に展開したキーワードとスケッチで展開したイメージを見比べなが

ら，2回目のキーワードを抽出した（図3.4）。楽器を演奏することで得られる自己表現に注目することで機能に関する価値要素として「音の仕組みを知る」と「仲間と遊べる」を抽出し，そこから機能に関する意味要素として「音を変えることのできる」と「組み換えできる」を抽出した。さらに着脱に関する状態要素として「接続・分離」「摩擦力」および「引張力」，属性として「位置決めの突起」や「磁石による接続」などを抽出しながらスケッチを行なうことでデザイン案を追加した。

3.2.5 デザイン案の決定と試作

抽出したキーワードと展開したスケッチより，接続・分離を行なうことでさまざまな形にして遊ぶことのできるデザインを採用した。同デザイン案の**ペーパーモデル**（paper model）（図3.5）を作成することで，子供の手の大きさに合わせたサイズや組合せのバリエーションを検討したあとに，木製の最終モデル（図3.6）を制作した。この玩具は，接続・分離を行なうことでさまざまなサイズや形状に変化する（図3.7）ことに加え，中に入れた木製のピースやビーズ（図3.8）に代えて，外で集めた木の実や小石などを入れて振ることでさまざまな音を楽しむこ

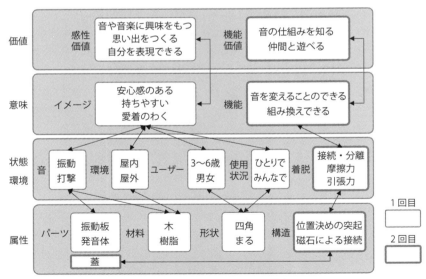

図 3.4　2 回目のキーワードの抽出

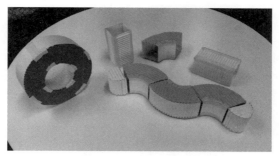

図 3.5　ペーパーモデル

図 3.6　最終モデル

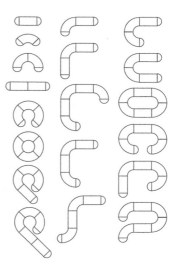

図 3.7　組み合わせ例

ともできる。

3.3　まとめ

　課題発見・解決力の育成を目的にみずからデザインのテーマを決め課題発見を行なう演習において，M-BAR を用いてテーマに対する検討を行なうことで，はじめてこのような課題解決型の演習に取り組む 3 年次の学生においても，デザインにおいて考慮すべきデザイン要素〔価値・意味・状態（場）・属性〕をもれな

図 3.8 中に入れた木製ピースやビーズの交換〔デザインとモデル制作：柴田ひかり（静岡文化芸術大学）〕

く検討し，使用者へもたらす新たな価値を創出することができた．3 年次からこのような課題発見手法に親しむことは，4 年次における卒業研究・制作に向けた準備となる．一方，デザインの経験が少ない 3 年次の学生において，価値・意味・状態（場）・属性の概念の理解は難しく，M-BAR の実施においては具体的なデザインの事例におけるそれらの概念をていねいに説明するなどし，多空間におけるデザイン要素の概念の理解を図ることが重要となる．とくに，色や形を中心とした属性の検討が中心となる基本的な演習に対し，デザイン対象における価値，意味，およびそれが使用される場や環境を含めた状態について考えることは，デザイン能力の育成に大きな効果があるといえる．

（伊豆裕一）

参考文献
1) 松岡由幸他：M メソッド　多空間のデザイン思考，近代科学社（2013）
2) 梶川祥世：幼児〜児童期の音楽経験が与えるものとは，ON-KEN SCOPE．http://www.yamaha-mf.or.jp/onkenscope/kajikawasachiyo1_chapter1/（accessed July 18, 2016）
3) 伊豆裕一他：スケッチスキルの構造モデルによるラフスケッチとアイディアスケッチ，デザイン学研究 Vol.60，No.6（2014）

第4章

M-QFDの事例

福祉機器のデザイン

　本章は，福祉機器デザインの概要と，M-QFDを用いた福祉機器（頭部保護帽）デザインの事例について述べる。近年の福祉機器デザインにおいては，身体の機能を代償するための一般的な機能だけでなく，その使用者や使用環境（場）に適合する機能も検討する必要がある。ここで紹介するデザイン事例では，M-QFDを用いることにより，身体機能の代償に加えて，その使用者やそれを取り巻く社会（場）との関係についても検討することができた。これにより，デザインされた頭部保護帽は，従来品と比較して，快適性（蒸れにくい），調節性（頭部形状の個体差や成長による変化に対応できる），生産性（パーツごとに効率的に製造できる），社会への適合性（帽子のような外観で社会になじむ）などの点にすぐれ，使用者や社会における新たな価値を創出することができた。

4.1　福祉機器の概要とデザイン要件

　「福祉機器」とは，障害者や高齢者が使用する機器の総称である。このため，多くの人が使用する「眼鏡」のような一般的な機器も含むが，ここでは，おもに「心身に障害をもつ少数の高齢者や障害者（以下，障害者と称する）が使用する機器」について述べることとする。

　障害者のための福祉機器をデザインする場合，使用者の身体の機能に制限があるため，それを補う必要がある。たとえば椅子のデザインにおいて，座位姿勢を保持できない障害者を対象とする場合，座面や背面は平らではなく，くぼみやサイドサポートなどの，姿勢保持を補う機能が設けられる。さらに，近年では福祉機器のデザインは，使用者を取り巻く生活や社会活動を考慮する必要があるとされている。このことは，上述した「障害」という語句が世界保健機関の機能分類（International Classification of Functioning, Disability and Health）において，「その

図 4.1　病院備品の車椅子（左）とモジュラー型車椅子（右）

人の心身の機能だけでなく，生活や社会活動によって実現される，1つの健康の状態」と定義されている[1]ことからもわかる。

たとえば，よく病院で見かける車椅子（図 4.1 左）の使用者を見ると，「病人である」や「身体が不自由である」などの印象をもつだろう。一方で，個々の使用者に合わせて調整や部品交換が可能な高機能モジュラー型車椅子（図 4.1 右）の使用者を見ると，「下肢に障害があるものの，健康で活動的である」という印象をもつのではないだろうか。これは，後者の車椅子のデザインが，「（下肢の）運動機能の代償だけでなく，社会的な意味を付与している」ことを示している。ただし，この例において，後者のような車椅子をつくるのが重要なのではない。つまり，さまざまな使用者や使用環境（場）があるなかで，適切な場を想定し，それに適合する福祉機器をデザインすることが重要なのである。

以上のことから，福祉機器のデザインにおいては，使用者の心身の障害を補うことはもとより，使用者と社会の関係（使用環境や使用目的など），すなわち場を詳細に検討し，それに基づく新たな価値を創出することが肝要といえる。

4.2　M-QFD による福祉機器デザイン

4.2.1　デザイン対象（頭部保護帽）とデザイン展開

本節では，急に意識を失うことが多い子供のてんかん患者のための頭部保護帽のデザイン[2,3]について紹介する。従来の頭部保護帽は，衝撃吸収のための発砲ポリエチレンと，それを覆い頭部保護帽としての形状を確保するための皮革によ

図 4.2　従来の頭部保護帽

り構成されていたため（図 4.2），使用者から，つかい心地や利便性などに関する多くの改善要望があった．つまり，従来品は，転倒時の頭部への衝撃吸収という身体の障害を補うことができるものの，使用者やそれを取り巻く社会の関係について十分に検討されていないといえるだろう．そこで，本デザインでは，それらを明確化するとともに，同保護帽が提供すべき価値について詳細に検討するために，M-QFD を用いた．得られた品質表を図 4.3 に示すとともに，それに基づくデザイン展開の一例として，3 つの価値要素に関するものを紹介する．

　1 つ目は，使用者の価値要素である「優れた快適性」に関するものであり，蒸れやすい皮革から，蒸れにくい 3 次元立体編物〔表裏両面の基布（編地）をパイル糸で連結したもの〕へと素材を変更することとした．その際に，「通気性」や「通水性」（状態要素）だけでなく，頭部を保護するために重要な「衝撃吸収率」（状態要素）にも関係する「パイル径」や「パイル地厚さ」（属性要素）などを洗い出し，頭部保護の機能を保ちつつ，通気性を向上する素材をデザインした．

　2 つ目は，使用者の価値要素である「優れた調節性」に関するものであり，使用者の頭部形状に合わせてオーダーメードでつくられていた（調節できない）従来品を，調節できるようにした．これは，使用者を子供としたことにより得られた「（成長に伴う）頭部周径の変化」（場の要素）から抽出された価値である．調節可能とするために，まず，前頭部と後頭部の保護パーツを分割して隙間〔「保護パーツ隙間」（状態要素）〕を設けるとともに，「保護パーツ位置」（状態要素）を「面ファスナー」（属性要素）で調整できる構造を考案した．さらに，設けた隙間で「折りたためる」（意味要素）構造（図 4.4 左）を考案し，「優れた保管性」と「優れた輸送性」という新たな価値要素を創出した．さらに，折りたたむだけでなく，保護パーツを前頭部と後頭部の 2 つに「分解できる」（意味要素）機能

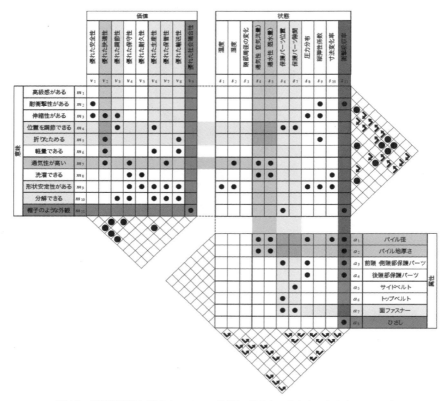

図 4.3 頭部保護帽に関する M-QFD（紙面の都合上，内容を一部省略している）

図 4.4 提案した頭部保護帽の折りたたみ機能（左）と分割機能（右）

（図4.4右）を考案した．これにより，パーツごとの製造により生産性が向上するとともに，各パーツに複数のサイズ〔「前頭・側頭部保護パーツ」と「後頭部保護パーツ」（属性要素）のそれぞれが3サイズと2サイズ〕を設けることが可能となり，それらの組合せとなる製品サイズのバリエーションを増やすことが可能となり，「優れた生産性」という新たな価値要素を創出した．

3つ目は，使用者の周囲環境の価値要素である「優れた社会への適合性」に関するものであり，一般人が見慣れない外観である（一般人に異質な印象を与える）従来品を，社会になじむような「帽子のような外観」（意味要素）にすることとした．そのために，「ひさし」（属性要素）を設けたものの，一般的な帽子のひさし（ポリエチレン）は固く，転倒時の衝撃で保護帽が脱げる危険があったため，保護パーツと同様の材質を採用することで「衝撃吸収率」（状態要素）を向上し，外観だけでなく頭部（とくに眼窩部）保護にも用いられるようにした．

4.2.2 デザイン結果と考察

前項で述べたようにして，2つの保護パーツを，「トップベルト」と「サイドベルト」に設けた「面ファスナー」で連結する新しい頭部保護帽をデザインした（図4.5）．この頭部保護帽は，2001年の発売後，年間200個程度の上々な売上を記録しており，M-QFDを用いた本デザインは成功したといえるだろう．そのポイントとして，使用者と社会の関係（場）を想定し，価値・意味・状態・属性の枠組みに基づいて詳細に検討し，それに基づくいくつかの新たな価値を創出できたことがあげられる．一方で，M-QFDを実施する労力は小さくなく，デザイン対象の規模やデザイナーの習熟度によっては，M-QFDの効果（多様なデザイン要素の整理やデザイナー間での情報共有）のメリットが小さくなると考えられる．

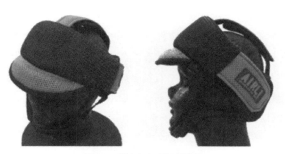

図4.5 提案した頭部保護帽

M-QFD を利用するためには，それらのバランスをよく考慮することが重要であろう。

4.3　福祉機器デザインにおける M-QFD の効果

　ここで紹介した福祉機器デザインにおいて最も効果的であったことは，上述したように使用者と社会の関係（場）の検討に基づく新たな価値の創出であり，M-QFD における場の要素の存在が効果的であったと考えられる。すなわち，これらの要素により，製品の機能（意味要素）だけでなく，それらの使用者やそのまわりの社会（場）についても検討することが可能となり，新たな価値の創出につながったと考えられる。

　このように，価値・意味・状態（場）・属性の枠組みにおけるさまざまな事柄について検討し新たな価値を創出することは，優秀なデザイナーであれば無意識に行なえるものの，経験の少ないデザイナーが行なうことは難しいといえる。このため，若手のデザイナーや学生がデザイン科学を学び，M メソッド（価値・意味・状態・属性空間の枠組み）に基づいてデザインを行なうことは，経験不足を補いデザインを効果的に進めるうえで有益であると考えられる。

4.4　まとめ

　今回，M-QFD を用いて頭部保護帽のデザインを行なうことで，同デザインにおいて考慮すべきデザイン要素〔価値・意味・状態（場）・属性〕をもれなく検討し，使用者とそのまわりの社会へもたらす新たな価値を創出することができた。このようなことは，優秀なデザイナーであれば無意識に行なえることであろう。しかし，デザイン経験の少ない若手のデザイナーや学生において，考慮すべきデザイン要素や必要な知識を示唆することができる M-QFD は，経験不足を補いデザインを効果的に進めるうえで有益といえる。一方で，M-QFD を実施する労力は小さくなく，デザインにおける（対象や人員の）規模やデザイナーの習熟度によって，M-QFD の効果のメリットが小さくなる可能性もあるため，それらのバランスをよく考慮することが重要であろう。

（松野史幸・加藤健郎・松岡由幸）

参考文献

1) 障害者福祉研究会編：世界保健機関（WHO）国際生活機能分類—国際障害分類改訂版—，中央法規出版（2002）

2) Kato T. et al.：Quality Function Deployment Based on the Multispace Design Model, Bulletin of JSSD 60, No.1, 77（2013）

3) Kato T. et al.：Multispace Quality Function Deployment Using Interpretive Structural Modeling, Bulletin of JSSD 61, No.1, 57（2014）

| M-QFD の事例

生産システムのデザイン

　モノづくりを支える生産システムの分野では，あらゆるモノがネットワークを介してつながるインターネットオブシングスの活用が進み，他のシステムとの連携・制御など，システムの複雑化・大規模化が加速している。このようななかで，システム開発の構想設計において，さまざまなステークホルダーのニーズを考慮し，全体を俯瞰したシステムデザインの重要性が増している。ここでは，M-QFD を，半導体 LSI 製造のリソグラフィシステムや機械加工の切削加工システムに適用した事例を紹介する。M-QFD を用いることで，開発初期の構想設計において，多様なステークホルダーのニーズを考慮するとともに，システム全体を俯瞰したデザインの検討やシステムの構成要素間の相互関係を考慮した開発戦略の立案を行なうことができた。

5.1　生産システムの役割とデザイン要件

　生産システムは，製品の企画，設計・開発，部品の調達，工場での製造，製品の出荷，保守・サービスなどの製品のライフサイクルを網羅し，製造業のモノづくりを円滑に実行するための仕組み・仕掛けである。本章では，そのなかでも，製造工程を対象とした生産システムのデザインについて述べる。生産システムのデザインでは，製造工程に求められる加工品質，処理時間，および製造コストを実現するための工程設計からはじまり，各工程において使用される製造装置や機器の仕様，さらにはそれらを組み合わせた制御の設計を行なう。

　近年，生産システムの分野では，昨今の ICT（information & communication technology）の急速な進化を受けて，工場のあらゆる製造装置や機器がネットワークを介してつながる「インターネットオブシングス（internet of things；IoT）」の概念が広がってきており，今まで以上にネットワークを介した他のシステムとの連携や制御の必要性が高まっている。その結果，生産システムの複雑化

や大規模化が加速している．たとえば，製造業を中心として独国のインダストリー 4.0（industry 4.0）や米国のインダストリアルインターネット（industrial internet）に代表されるように，開発・設計，製造，保守といった製品のライフサイクル全般にわたるさまざまな設備・機器や部品，そして人の作業に関する情報がネットワークを介してグローバルでつながり始めている．従来の工場の垣根を越えて，新たな製造業のビジネス形態や働く人々のライフスタイルの変革といった今までのモノづくりを革新する新たな生産システムの研究・開発が活性化している．

このような ICT 技術の進展に伴うシステムの複雑化・大規模化の流れのなかで，生産システムのデザインでは，個々の技術課題が増加するのはもとより，企画や構想設計の段階において，さまざまなステークホルダーのニーズ（価値や意味）を考慮し，全体を俯瞰したシステムのコンセプトデザインの重要性が増している．

複雑化・大規模化が進む生産システムの開発を成功させるには，生産システムの企画・構想設計や必要とする技術の開発から，システムおよび個々の要素の設計・開発，システムの実装までの一連の開発プロセスを，要求された予算・期間の範囲内で管理・実行する必要がある．図 5.1 は，開発プロセスにおいて実際に発生する費用と，その前提となる意思決定のタイミングのズレを示す概念図であ

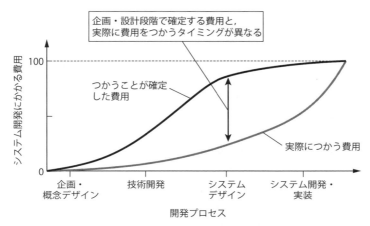

図 5.1　システム開発における企画・構想設計の重要性

る[1]。同図より，実際の開発において大部分のコストは開発や実装段階において
つかわれるものの，そのコストの大部分は，その前段階である企画や概念デザイ
ンからシステムデザインまでにおいて決められていることがわかる。このこと
は，開発や実装の段階ではコスト低減を図ることが難しいことを意味している。
つまり，大規模なシステムのデザインの課題は，開発初期となる企画や概念デザ
インの段階において，持続した運営が可能かつ実装が可能なシステムをデザイン
することといえる。

　ここで，大規模システムの開発・実装においては，1つの企業内ですべて実施
することが難しい。このため，さまざまなステークホルダーと連携することで，
利用者やシステム管理者のニーズを満たすシステムを実現する必要がある。この
ような制約のなかで，次世代の生産システムの概念デザインを行なううえでの課
題は，以下の2点といえる。

[課題1] さまざまなステークホルダー（たとえば，システム運営者，ユーザー，シ
　　　　ステム開発者，製品・機器のサプライヤー，社会など）間の相互関係の把握
[課題2] システムの構成要素間の相互関係を踏まえた適切な開発戦略（開発方針
　　　　や体制など）の策定

　本章では，M-QFD を用いて行なった，半導体大規模集積回路（以下，半導体
LSI）製造のリソグラフィシステムと機械加工の切削加工システムのデザインを
通して，その効果を紹介する[2]。

5.2　M-QFD を用いたリソグラフィシステムのデザインとその効果

　半導体 LSI は，パターン寸法を小さくすることにより，LSI のトランジスタの
動作速度を向上することができる。このため，半導体メーカーの間では，パター
ンの微細化が他社との優位性を保つ競争軸となっている。図 5.2 は半導体 LSI 製
造におけるリソグラフィ技術を用いたパターン転写プロセスの概略を示してい
る。半導体ウェハ上のパターン形成層の上部に感光性のレジスト膜を塗布したの
ち，リソグラフィの原理を用いた露光処理により，マスク上の回路パターンをレ
ジスト膜に転写する。そして，レジスト膜の現像処理とレジスト膜をマスクとし
たエッチング処理を行なうことにより，半導体ウェハ上にパターンを転写する。
　図 5.3 は M-QFD により得られたリソグラフィシステムにおける品質表[3]であ

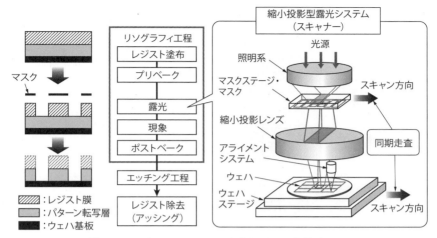

図 5.2 リソグラフィシステムにおけるパターン転写プロセス

る。従来のQFDと比較して，M-QFDを用いることで新たに得られた知見を以下にまとめる。

(1) 価値空間（社会的価値）を意識することで，生産財に求められる基本要件である性能や生産性にかかわる要素だけでなく，「優れた省エネルギー（消費電力など）」や「環境負荷低減（使用量や廃棄量の削減，資源の代替）」が創出された。この結果，「高いエネルギー効率」の意味要素や，「使用エネルギー量」の状態要素の抽出につながり，属性空間において「省エネルギー」に関する要素の検討を行なうことができた。

(2) 状態空間を構造化することで，システムを使用する場の要素である「使用環境（温度，圧力，湿度）」が他の状態要素に与える影響の大きさを把握することができた。これにより，場の変動を考慮した「転写パターン重ね合わせ精度」や「転写パターン寸法精度」の管理・制御を行なう「情報システム」の重要性を確認することができた。

(3) 属性空間における要素間の相互関係を構造化することで，所与の目標を満たすために必要な，多くの要素間関係における調整の重要性を確認することができた。

パターンの微細化技術の開発では，高額の開発投資や高度な技術開発が必要となってきており，半導体メーカーだけで開発することが難しくなっている。半導

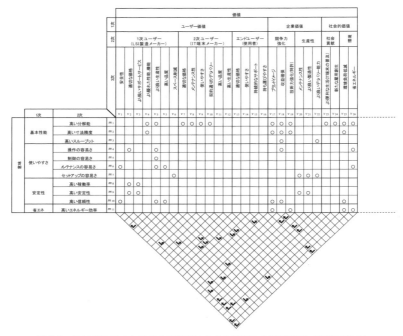

図 5.3 リソグラフィシステムを対象とした M-QFD の検討結果（右頁に続く）

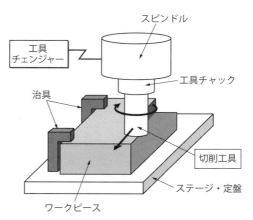

図 5.4 工作機械の切削加工における材料除去プロセス

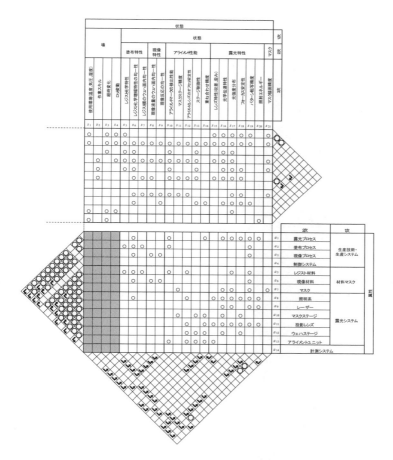

体メーカー，露光装置メーカー，レジスト材料，マスクメーカーなどの複数のステークホルダーがコンソーシアムを設立し，共同で技術開発を進めるのが一般的である。今回の M-QFD による評価にて，開発に必要となる要素間の相互関係を共同開発の関係者間で共有することができ，共同開発における各ステークホルダーに求められる役割を明確化できることが確認できた。

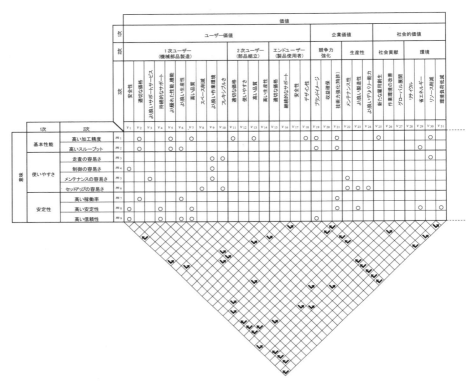

図 5.5 切削加工システムを対象とした M-QFD の検討結果（右頁に続く）

5.3 M-QFD を用いた切削加工システムのデザインとその効果

　切削加工システムは幅広く機械部品加工に用いられており，用途によってはマイクロメータオーダー単位の加工精度が要求される．図 5.4 は工作機械における切削加工技術の概略を示している．工作機械では，ステージの駆動機構を備えた定盤上に被工作物がフィクスチャにて固定される．そして，主軸とつながったスピンドルに固定された切削工具を高速に回転させ，ステージを移動することで，切削工具の切れ刃が被工作物の材料を除去する．切削工具の軌跡は，工作機械がもつ駆動機構の自由度に応じて，CAM（computer aided manufacturing）を用いて算出される．これまでは，工作機械では XYZ 平面の 3 軸駆動が主流であった

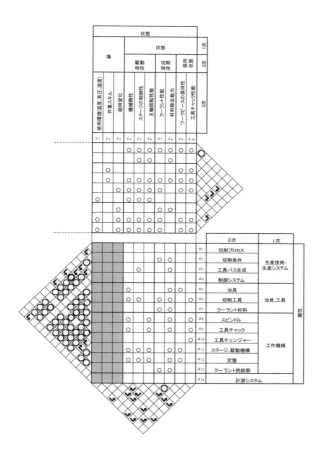

ものの,段取り換えを行なわずに複雑な形状や曲面を加工できるボールエンドミル工具を用いた多軸加工の適用も増えてきている。駆動軸の自由度の増加に伴い,生産性・高精度化の両面から最適な軌跡を計算する CAM の重要性が増している。

図 5.5 は切削加工システムにおける M-QFD モデルを示している。従来の QFD と比較して,M-QFD を用いることで新たに得られた知見を以下にまとめる。

(1) 実際に使用するオペレーター(ユーザー)の価値を意識することで,「フレキシブルさ(多様な用途に対応可能)」やインタフェースにおける「優れたデザイン性」など)の要素を新たに創出することができた。

第 5 章 生産システムのデザイン 209

(2)「優れた省スペース性」の価値要素から，「設置が容易（軽量・小型）」の意味要素を抽出することができた。従来は，属性空間の構成の構成要素の小型化，軽量化するなどの発想にとどまっていたが，「設置が容易（軽量・小型）」の意味要素を抽出し，再度，価値空間を検討することで「優れた輸送性」という新たな価値要素を抽出することができた。このように M-QFD モデルでは，価値空間と意味空間の間をくり返してアイデアを発想するのに有効である。

(3) システムを使用する場「使用環境（温度，圧力，湿度）」や「オペレーターの作業スキル」などの場の要素を新たに加えたことにより，属性空間において，場を制御するために必要な「製造制御システム」や「計測装置」などの工作機械の構成要素以外の属性要素の重要性を把握することができた。

　昨今の工作機械の分野では工作機械に多数のセンサー（計測装置）を取り付け，高度に制御する IoT の取り組みが盛んになっている。さらに活用が進む IoT 応用の生産システムのデザインにおいて M-QFD の活用が有効であるものと考える。

5.4　まとめ

　本章で対象としたリソグラフィシステムや切削加工システムに代表される生産システムの開発は，自社の設計・生産技術・製造部門にとどまらず，関連するパートナーなど，多くのステークホルダーがかかわりあう大規模かつ複雑なシステム開発となる。M-QFD では多くのステークホルダーの意見を1つの表の中で可視化・共有・可視化することができ，全体を俯瞰したシステムデザインの議論において非常に有効な手法といえる。また，実際に効果を出すためには，システム間の相互作用の関係性などの M-QFD のモデルの正確性が重要となる．今後、M-QFD の展開を進めるにあたり，メンバーの知見を引き出す議論に関して，各種のブレーンストーミング手法やそれらの手法をつかいこなすプロセスの標準化を行ない，多くの分野・場面における M-QFD を活用した業務プロセスのベストプラクティスの共有を深めていくことが重要と考えられる。

（三輪俊晴）

参考文献

1) Barkan, P.: Strategic and Tactical Benefits of Simultaneous Engineering, *Design Management Journal*, **2**, 2, 39-42 (1991)
2) 三輪俊晴・青山英樹：製品価値フロー分析を用いた開発リスクを伴う製品開発プロセスの評価方法, 日本機械学会論文集 C 編, **78**, 785, 312-326 (2012)
3) Kato, T., Horiuchi, S., Miwa, T., Matsuoka, Y.: Quality Function Deployment Using Multispace Design Model and Its Application, International Conference on Engineering Design 2015 (2015)

第6章 自動車部品のモジュラーデザイン

M-QFDの事例

　自動車の主要部品であるステアリングシステムは，車室内のステアリングホイール（ハンドル）から車室外の前輪までを連結したシステムであり，200点以上の部品から構成される。同システムに用いられる部品の組合せのパターンは1つではなく，それらの部品をどの場所でどのように組み合わせるかにより，システムの堅牢性や操作性はもとよりコストも異なる。このため，部品をモジュール化し，搭載車の要求に対応する多様なラインナップを確保することが重要であるものの，システムへの要求とそれを実現するための部品の関係が複雑であるため，適切なモジュール化を行なうことは難しい。ここでは，M-QFDにより，価値要素（要求）と，それが関係する意味・状態要素の関係を属性要素（部品）の関係に落とし込み，それらをコンポーネントDSMにより整理することで，同システムのモジュール化を行なった事例を紹介する。その結果，同システムに求められる堅牢性，操作性，生産性，コストなど，トレードオフ関係を有する多様な価値要素とそれらに関係する意味，状態，属性要素の全体像を取り扱う（可視化する）ことが可能となり，デザイナーの要求に合致するモジュール構成を決定することができた。

6.1　自動車ステアリングシステムの概要とデザイン要件

　自動車の主要部品である自動車ステアリングシステムは，運転者がステアリングホイールを回す動き（操舵）に合わせて前輪の向きを変えることで，車両の進行方向を変える機構である[1]。そのメカニズムは，ステアリングホイールの回転をコラムシャフトによりステアリングギヤ（ラックとピニオンギア）に伝え，車軸方向の変位に変換し，タイロッド（リンク機構）を介し前輪の切れ角に変換するものである（図6.1）。
　近年は，モーターにより操舵力を軽減させる操舵アシスト機構を有するパワー

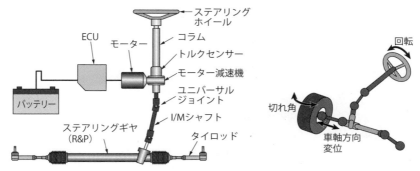

図 6.1 ステアリングシステム（モーターをコラムに設置した EPS 例）

ステアリングが主流であり，モーターと減速機に加えて，電子制御ユニット（ECU），操舵トルクセンサー，およびハーネスなども含む多くの部品で構成されている。これらの部品の一部は，量産効果を高めるため，モジュラーデザインが行なわれる。**モジュラーデザイン**（modular design）とは，部品をそれらの関係に基づいていくつかの部品群（モジュール）に分け，それらを組み合わせることで多様なラインナップの製品を設計することである。これにより少ない部品種類で多くの製品を効率よく構築することが可能となり，コストを抑えたうえでユーザーの多様な要求に応えることが可能となる。

モジュラーデザインの身近な例ではノートパソコンがあげられる（図 6.2）。ノートパソコンのメーカーは，ディスプレイ解像度，メモリ容量，CPU 能力な

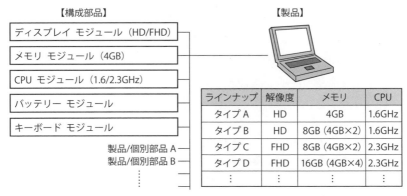

図 6.2 ノートパソコンのモジュラーデザインの例

第 6 章　自動車部品のモジュラーデザイン　　213

どを複数のレベルで用意し，ユーザーに価格と性能が異なる製品ラインナップを提供する。この場合のモジュールは，ディスプレイ，メモリ，CPU などであり，これらは互いに制約を与えることがなく独立している（相互作用がない）ため，それらを自由に組み合わせて多くの製品ラインナップを実現することができる。

　一方，ステアリングシステムのモジュールは，堅牢性，操作性，生産性，コストなどの**トレードオフ**（**trade-off**）を含む複雑な相互関係を有することが多い。このため，そのような相互作用を考慮せずモジュール構成を決めると，システムレベルで要求を満たすことができず，再構成を行なうことになり，手戻りにつながる。たとえば，コストの視点で検討した場合，モーターは，ECU とともに環境が穏やかな車室内に配置するのが望ましいため，車室内の部品とともにモジュール化される。しかし，操作性の視点で検討すると，モーターは，トルク伝達効率のよい車軸近く（車室外）に配置するのが望ましいため，モジュールの再構成（再検討）が必要になる。

　このように，ノートパソコンの例とは異なり，ステアリングシステムにおいては，トレードオフを含む多様な相互作用を考慮する必要があるため，モジュラーデザインを実施する困難さがあるといえる．

6.2　M-QFD によるステアリングシステムのモジュラーデザイン

6.2.1　ステアリングシステムのモジュラーデザイン展開

　本節では，ステアリングシステムの M-QFD を用いて行なった同システムのモジュラーデザイン〔部品（属性）のモジュール化〕[2) について紹介する。本デザインの概要を図 6.3 に示す。なお，ここでは紙面の都合上，M-QFD により得られた品質表は記載していない。まず，品質表における属性要素の相関表に記載されている（部品間における接続や分離の必要性に関する）関係を部品の「配置」に関する相互作用として抽出した。次に，価値要素のなかで「機能性」に関する「優れた操作性」および「優れた堅牢性」に関する属性要素の関係を，第 1 部第5.2 節で紹介した方法で抽出し，「機能性」に関する相互作用として抽出した。そして，価値要素のなかで「廉価性」に関する「営業利益」および「優れた生産性」に関する属性要素の関係を同様に抽出し，「廉価性」に関する相互作用とした。さらに，抽出した各関係を 5 段階（必要な相互作用：+2，存在すると望ましい

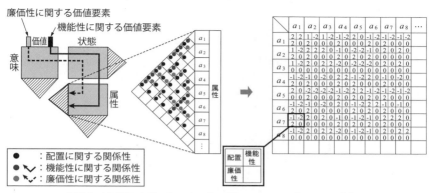

図 6.3 M-QFD を用いたステアリングシステムのモジュラーデザイン

相互作用：+1，相互作用がない：0，存在すると望ましくない相互作用：-1，避けるべき相互作用：-2）で評価し，コンポーネント DSM を作成した（図 6.3 右）。ここで，同図における一対の部品間の関係を表わす 4 つのセルのうち，左上，右上，左下が，「配置」「機能性」「廉価性」に関する相互作用をそれぞれ表わす。最後に，作成したコンポーネント DSM を，第 1 部第 5.2 節で紹介した方法でクラスタリングし，図 6.4 のように部品のクラスタ（モジュール）を導出した。同図において，黒の枠線は，1 回目のクラスタリングにより得られたクラスタを表わし，灰色の枠線は，2 回目のクラスタリングにより得られたサブクラスタを表わしている。灰色の塗りつぶしは，相互作用間にトレードオフ関係があることを表わしている。同図より，①コラム関連部品，電子部品（モーターや ECU など），およびラックとピニオンギア関連部品のサブクラスタを含むクラスタ，②中間シャフト関連部品のクラスタ，③減速機関連部品のクラスタの 3 つが得られた。

①のクラスタにおいては，コラムのサブクラスタと電子部品のサブクラスタ間，ラックとピニオンギアのサブクラスタと電子部品のサブクラスタ間にそれぞれトレードオフ関係があることが確認された。また，②と③のクラスタにおいては，トレードオフ関係を示すセルがなく，他のクラスタともほとんど関係しないことが確認された。

6.2.2 デザイン結果と考察

前項で導かれた①のクラスタのトレードオフ関係に着目すると，クラスタ構成に関する以下のような検討を行なうことができる。たとえば，トレードオフ関係

		a_{1}	a_{5}	a_{21}	a_{2}	a_{4}	a_{6}	a_{7}	a_{15}	a_{16}	a_{17}	a_{18}	a_{13}	a_{14}	a_{19}	a_{20}	a_{9}	a_{10}	a_{11}	a_{12}	a_{3}	a_{8}
コラム	a_{1}	2 2	2 0	2 0	1 -2	-1 -2	-1 -2	-1 -2	-2 -2	-2 -2	-2 -2	-2 -2	-2 0	-2 0	-2 0	-2 0	-1 0	1 0	-1 0	-1 0	1 -2	-1 -2
		2 0	0 0	0 0	2 0	2 0	2 0	2 0	2 0	2 0	2 0	2 0	0 0	0 0	0 0	0 0	0 0	0 0	0 0	0 0	0 0	0 0
コラム全長	a_{5}	2 0	2 2	2 0	-2 -2	-1 -2	-1 -2	-1 -2	-2 -2	-2 -2	-1 -2	-1 -2	-2 0	-1 0	-1 0	-1 0	-1 0	-1 0	-2 0	-2 0	-2 -2	-1 -2
		0 0	2 0	0 0	2 0	2 0	2 0	2 0	2 0	2 0	2 0	2 0	0 0	0 0	0 0	0 0	0 0	0 0	0 0	0 0	0 0	0 0
コラムマウント	a_{21}	2 0	2 0	2 2	-2 2	-1 2	-1 2	-2 2	-2 2	-2 2	-2 2	-2 2	-2 0	-2 0	-2 0	-2 0	-1 0	-2 0	-2 0	-2 0	-2 2	-1 2
		0 0	0 0	2 0	-2 0	-2 0	-2 0	-2 0	-2 0	-2 0	-2 0	-2 0	0 0	0 0	0 0	0 0	0 0	0 0	0 0	0 0	0 0	0 0
モーター	a_{2}	1 -2	-2 -2	-2 -2	2 2	-1 0	-1 0	2 0	-1 2	-1 2	1 2	-1 2	-2 2	-2 2	-2 2	-2 2	-2 0	-2 0	-2 0	-2 0	2 0	2 0
		2 0	2 0	2 0	2 0	2 0	2 0	0 0	0 0	0 0	0 0	0 0	0 0	0 0	0 0	0 0	0 0	0 0	0 0	0 0	0 0	0 0
トルクセンサー	a_{4}	-1 -2	-1 -2	-1 -2	-1 0	2 2	2 0	-1 0	-1 0	-1 0	-1 0	-1 0	-1 0	-2 0	-2 2	-2 2	-2 0	-2 0	-2 0	-2 0	-2 0	-2 0
		2 0	2 0	2 0	2 0	2 0	0 0	2 0	2 0	2 0	2 0	2 0	0 0	0 0	0 0	0 0	0 0	0 0	0 0	0 0	0 0	0 0
トルクセンサー全長	a_{6}	-1 -2	-1 -2	-1 -2	-1 0	2 0	2 2	-1 0	-1 0	-1 0	-1 0	-1 0	-1 0	-2 0	-1 0	-1 0	-1 0	-2 0	-2 0	-2 0	-2 0	-1 0
		2 0	2 0	2 0	2 0	0 0	2 0	2 0	2 0	2 0	2 0	2 0	0 0	0 0	0 0	0 0	0 0	0 0	0 0	0 0	0 0	0 0
モーター容積	a_{7}	-1 -2	-1 -2	-2 -2	2 0	-1 0	-1 0	2 2	-1 2	-1 2	-1 2	-1 2	-2 2	-2 2	-2 2	-2 2	-1 0	-1 0	-2 0	-2 0	2 0	2 0
		2 0	2 0	2 0	0 0	2 0	2 0	2 0	0 0	0 0	0 0	0 0	0 0	0 0	0 0	0 0	0 0	0 0	0 0	0 0	0 0	0 0
ECU容積	a_{15}	-2 -2	-2 -2	-2 -2	-1 2	-1 0	-1 0	-1 2	2 2	2 0	2 0	2 0	-2 2	-2 2	-2 2	-2 2	-1 0	-2 0	-2 0	-2 0	-2 0	-1 0
		2 0	2 0	2 0	0 0	2 0	2 0	2 0	2 0	0 0	0 0	0 0	0 0	0 0	0 0	0 0	0 0	0 0	0 0	0 0	0 0	0 0
ECU本体	a_{16}	-2 -2	-2 -2	-2 -2	-1 2	-1 0	-1 0	-1 2	2 0	2 2	2 0	2 0	-2 2	-2 2	-2 2	-2 2	-1 0	-2 0	-2 0	-2 0	-2 0	-2 0
		2 0	2 0	2 0	0 0	2 0	2 0	2 0	0 0	2 0	0 0	0 0	0 0	0 0	0 0	0 0	0 0	0 0	0 0	0 0	0 0	0 0
ハーネス	a_{17}	-2 -2	-1 -2	-2 -2	1 2	-1 0	-1 0	-1 2	2 0	2 0	2 2	2 0	-2 2	-2 2	-2 2	-2 2	-1 0	-2 0	-2 0	-2 0	-2 0	-2 0
		2 0	2 0	2 0	0 0	2 0	2 0	2 0	0 0	0 0	2 0	0 0	0 0	0 0	0 0	0 0	0 0	0 0	0 0	0 0	0 0	0 0
ハーネス全長	a_{18}	-2 -2	-1 -2	-2 -2	-1 2	-1 0	-1 0	-1 2	2 0	2 0	2 0	2 2	-2 2	-2 2	-2 2	-2 2	-1 0	-2 0	-2 0	-2 0	-2 0	-1 0
		2 0	2 0	2 0	0 0	2 0	2 0	2 0	0 0	0 0	0 0	2 0	0 0	0 0	0 0	0 0	0 0	0 0	0 0	0 0	0 0	0 0
R&Pギア	a_{13}	-2 0	-2 0	-2 0	-2 2	-1 0	-1 0	-2 2	-2 2	-2 2	-2 2	-2 2	2 2	2 0	2 0	2 0	-1 0	-1 0	-2 0	-2 0	-2 0	-2 0
		0 0	0 0	0 0	0 0	0 0	0 0	0 0	0 0	0 0	0 0	0 0	2 0	0 0	0 0	0 0	0 0	0 0	0 0	0 0	0 0	0 0
タイロッド	a_{14}	-2 0	-1 0	-2 0	-2 2	-2 0	-2 0	-2 2	-2 2	-2 2	-2 2	-2 2	2 0	2 2	2 0	2 0	-1 0	1 0	1 0	-1 0	-2 0	-2 0
		0 0	0 0	0 0	0 0	0 0	0 0	0 0	0 0	0 0	0 0	0 0	0 0	2 0	0 0	0 0	0 0	0 0	0 0	0 0	0 0	0 0
ラック全長	a_{19}	-2 0	-1 0	-2 0	-2 2	-2 2	-1 0	-2 2	-2 2	-2 2	-2 2	-2 2	2 0	2 0	2 2	2 0	-1 0	-2 0	1 0	-1 0	-2 0	-1 0
		0 0	0 0	0 0	0 0	0 0	0 0	0 0	0 0	0 0	0 0	0 0	0 0	0 0	2 0	0 0	0 0	0 0	0 0	0 0	0 0	0 0
ラックマウント	a_{20}	-2 0	-1 0	-2 0	-2 2	-2 2	-1 0	-2 2	-2 2	-2 2	-2 2	-2 2	2 0	2 0	2 0	2 2	-1 0	-2 0	1 0	-1 0	-2 0	-1 0
		0 0	0 0	0 0	0 0	0 0	0 0	0 0	0 0	0 0	0 0	0 0	0 0	0 0	0 0	2 0	0 0	0 0	0 0	0 0	0 0	0 0
I/Mシャフト全長	a_{9}	-1 0	-1 0	-1 0	-2 0	-2 0	-1 0	-1 0	-1 0	-1 0	-1 0	-1 0	-1 0	-1 0	-1 0	-1 0	2 2	2 0	2 0	2 0	-2 0	-1 0
		0 0	0 0	0 0	0 0	0 0	0 0	0 0	0 0	0 0	0 0	0 0	0 0	0 0	0 0	0 0	2 0	0 0	0 0	0 0	0 0	0 0
ユニバーサルジョイント	a_{10}	1 0	-1 0	-2 0	-2 0	-2 0	-2 0	-1 0	-2 0	-2 0	-2 0	-2 0	-1 0	1 0	-2 0	-2 0	2 0	2 2	2 0	2 0	-2 0	-1 0
		0 0	0 0	0 0	0 0	0 0	0 0	0 0	0 0	0 0	0 0	0 0	0 0	0 0	0 0	0 0	0 0	2 0	0 0	0 0	0 0	0 0
スライド部	a_{11}	-1 0	-2 0	-2 0	-2 0	-2 0	-2 0	-2 0	-2 0	-2 0	-2 0	-2 0	-2 0	1 0	1 0	1 0	2 0	2 0	2 2	2 0	-2 0	-2 0
		0 0	0 0	0 0	0 0	0 0	0 0	0 0	0 0	0 0	0 0	0 0	0 0	0 0	0 0	0 0	0 0	0 0	2 0	0 0	0 0	0 0
シャフト部	a_{12}	-1 0	-2 0	-2 0	-2 0	-2 0	-2 0	-2 0	-2 0	-2 0	-2 0	-2 0	-2 0	-1 0	-1 0	-1 0	2 0	2 0	2 0	2 2	-2 0	-2 0
		0 0	0 0	0 0	0 0	0 0	0 0	0 0	0 0	0 0	0 0	0 0	0 0	0 0	0 0	0 0	0 0	0 0	0 0	2 0	0 0	0 0
減速機	a_{3}	1 -2	-2 -2	-2 -2	2 0	-2 0	-2 0	2 0	-2 0	-2 0	-2 0	-2 0	-2 0	-2 0	-2 0	-2 0	-2 0	-2 0	-2 0	-2 0	2 2	2 0
		0 0	0 0	0 0	0 0	0 0	0 0	0 0	0 0	0 0	0 0	0 0	0 0	0 0	0 0	0 0	0 0	0 0	0 0	0 0	2 0	0 0
減速機外径	a_{8}	-1 -2	-1 -2	-1 -2	2 0	-2 0	-1 0	2 0	-1 0	-2 0	-2 0	-1 0	-2 0	-2 0	-1 0	-1 0	-1 0	-1 0	-2 0	-2 0	2 2	2 2
		0 0	0 0	0 0	0 0	0 0	0 0	0 0	0 0	0 0	0 0	0 0	0 0	0 0	0 0	0 0	0 0	0 0	0 0	0 0	0 0	2 0

図 6.4　ステアリングシステムのモジュール化

にある相互作用のうち，優先する相互作用を決めることで，それらに基づく適切なサブクラスタの統合を行なうことができる。すなわち，「機能性」を優先する場合，その正の評価値は，ラックとピニオンギアと電子部品間に存在するため，これらのサブクラスタを統合することが望ましい。このことは，補助駆動装置（モーター）を駆動部（車軸）の近くに配置させることが，トルクのロス（機械的な伝達ロス）や時間のロスを低減し（出力や操作性を向上させる），ユーザーの操作感の向上につなげることができることを示している。また，「廉価性」を優先する場合，その正の評価値は，コラムと電子部品間に存在するため，これらのサブクラスタを統合することとなる。このことは，電子部品を被水なく振動も少ないコラムの近くに配置させること，すなわち，電子部品における防水性や耐衝撃性などの対策が不要となり，コスト削減につながることを示している。さらに，他のクラスタと関係しないことが導かれた②と③のクラスタは，独立したクラスタとして扱えることを示している。たとえば，②のクラスタの減速機については，コラム部やピニオンギアに取り付けるウォームギアや，ラックギアに取り付ける

ボールねじなど，それぞれの特徴と用途に合わせて個別に検討を進めることができる。

このように，M-QFD とコンポーネント DSM によるクラスタリングを用いて，デザイナーが求める価値要素の優先度に応じ適切なモジュール構成を導くことができた。

6.3　ステアリングシステムのモジュラーデザインにおける M-QFD の効果

M-QFD すなわち多空間デザインモデルの考え方を用いることにより，価値，意味，状態要素の関係性を考慮したうえで，属性要素（部品）の関係性を検討することで，デザイン全体の問題を分析し，モジュール化することができた。

具体的には，コラム関連部品，電子部品，ラックとピニオンギヤ関連部品などのサブクラスタ間のトレードオフ関係を明らかにし，その相互作用の優先度によってサブクラスタの統合が変わることや，相互関係がないその他のクラスタは，それぞれ独立に設計し生産することができることも示すことができた。このことから，M-QFD とコンポーネント DSM の組合せは，トレードオフを含む相互関係を可視化することにより，モジュラーデザインを手戻りなく（合理的に）進めるうえで効果的であると考えられる。一方で M-QFD とコンポーネントDSM の作成においては，デザイナーの知見に頼るところが大きいため，これらの作成は複数人による共同検討が望ましいであろう。共同検討は知見を共有・伝承する場にもなることから，実際の開発現場における OJT（On-the-Job Training）としても意義があるであろう。

6.4　まとめ

今回，M-QFD とコンポーネント DSM を用いたモジュール化は，実際に製品化されているステアリングシステムと一致した結果となり，最適なモジュラーデザインの可視化において有効性を確認できた。さらに各要素における要求が変化した場合には，今回の結果を用いてモジュラーデザインを再分析することも容易にできると考えられる。自動運転に代表されるような技術革新とともに自動車は進化しつづけており，それに伴いステアリングシステムに求められる要素も変化

すると考えられる。これを予測し，たとえば優先する要素に制御性を加えるなど，先んじた検討を行ない将来に備えることも可能であろう。また，プロセスの検討にも応用されている DSM の有用性から，開発プロセスやデザイン計画の最適化も包含した形で発展させる可能性も考えられる。これにより，実際の開発現場における適用範囲が広がり，さらに付加価値の高いものになると期待される．

（星野洋二・加藤健郎）

参考文献

1) 自動車技術ハンドブック編集委員会：自動車技術ハンドブック 設計（シャシ編），公益社団法人自動車技術会（2016）

2) Kato T. et al.：Multispace Quality Function Deployment for Modularization, Bulletin of JSSD 61, No.3, 77（2014）

索引

【英字・数字・ギリシャ字】

AGE 思考モデル（AGE thinking model）… 18，33
ISM（interpretive structural modeling）…… 57
KJ 法（KJ method）……………………… 74
M メソッド（M method）…… 12，21，43，163
NM 法（NM method）…………………… 74
2 元 V 字モデル（dual vee model）………… 84
ΛV プロセス（lambda-vee process）……… 102
ΛV モデル（lambda-vee model）……… 99〜100

【あ行】

アイデアスケッチ（idea sketch）………… 75
アーキテクチャ（architecture）……………… 83
アーキテクチャ V（architecture vee）……… 84
アジャイルプロセス（agile process）……… 100
アーツアンドクラフツ運動
　（arts and crafts movement）……………… 2
アドバンスデザイン（advanced design）… 69
暗黙知（tacit knowledge）………………… 37
位相（topology）…………………………… 25
一般設計学（general design theory）……… 38
遺伝的アルゴリズム（genetic algorithm）… 62〜63
意味空間（meaning space）……………… 35
因子分析（factor analysis）……………… 74
インターネットオブシングス
　（internet of things；IoT）……………… 11
インタラクション（interaction）………… 121
インタラクションデザイン
　（interaction design）……………… 36，121
インダストリアルインターネット
　（industrial internet）…………………… 11
インダストリー 4.0（industry 4.0）……… 11
宇宙科学探査
　（space science and exploration）……… 143
ウルム造形大学
　（Hochschule für gestaltung Ulm）………… 3

演繹（deduction）………………………… 16，34
エンティティ V（entity vee）…………… 84
オートマトン（automaton）……………… 97

【か行】

階層構造グラフ（structural model）………… 59
概念デザイン（conceptual design）…… 29，39
外部システム（external system）………… 38
仮説形成（abduction）…………………… 16，34
価値空間（value space）………………… 35
還元主義（reductionism）………………… 27
機械式自重補償装置（mechanical
　gravity canceller；MGC）………… 116〜117
機械システム（mechanical system）……… 108
帰納（induction）………………………… 16，34
基本デザイン（basic design）………… 29，39
逆問題（inverse problem）………………… 14
客観的知識（objective knowledge）……… 9，36
共創（co-creation）……………………… 36
境界（boundary）………………………… 109
強連結（strong connection）……………… 58
局所的解探索問題
　（local solution search problem）……… 28
空間間モデリング
　（modeling between spaces）…………… 34
空間内モデリング（modeling in a space）… 34
グノーモン的構造（gnomonic structure）… 17
クラスタリング（clustering analysis）……… 61
形式知（explicit knowledge）…………… 37
ゲシュタルト（gestalt，形態）………… 114
工学設計（engineering design）………… 2
工業デザイン（industrial design）……… 2
好適規模配分図（distribution diagram of suit-
　able scale effect）………………………… 113
公理的設計（axiomatic design）………… 38
コンセプト（concept）…………………… 83
コンポーネント DSM（component-based
　design structure matrix）……………… 62

219

【さ行】

最適デザイン（optimum design） ……………… 26
最適デザイン解（optimum design solution）… 26
サムネイルスケッチ（thumbnail sketch） … 77
参加型デザイン（participatory design） …… 36
時間軸（time axis；タイムアクシス） ……… 102
システム（system） ……………………………… 82
システムズエンジニアリング
　（systems engineering） ……………………… 83
システムズモデリング言語
　（systems modeling language；SysML） … 86
システム工学（systems engineering）… 3，110
システム要求（system requirements） …… 84
シナリオ（scenario） …………………………… 121
主観的知識（subjective knowledge） … 10，36
順問題（forward problem） ………………… 14
詳細デザイン（detail design） ………… 29，39
状態空間（state space） ……………………… 35
人工システム（artificial system） ………… 108
人工知能（artificial intelligence；AI） …… 11
心理空間（psychological space） ………… 35
親和図法（affinity diagram） ……………… 48
制約関数（constraint function） …………… 26
制約条件（constraint condition） ………… 110
設計構造マトリクス
　（design structure matrix；DSM） ……… 60
宣言的知識（declarative knowledge） ……… 36
相関表（correlation matrix） ……………… 54
総合（synthesis） ……………………………… 18
創発（emergence） …………………………… 23
創発デザイン（emergent design） …… 19，24
属性空間（attribute space） ………………… 35
ソフトウェア・アーキテクチャ
　（software architecture） ………………… 103
ソフトウェアエンジニアリング
　（software engineering） ………………… 96
ソフトウェア開発手法
　（software development method） ………… 97

【た行】

大域的解探索問題
　（global solution search problem） ………… 25
タイムアクシスデザイン
　（timeaxis design） ……………………… 36，99
多空間デザインモデル
　（multispace design model） ………… 12，33
多空間品質機能展開
　（multispace QFD；M-QFD） ……………… 55
多変量解析（multivariate analysis） ……… 74
多峰性問題（multimodal problem） ………… 29
多様解導出問題
　（diverse solution derivation problem） … 25
知働化（executable knowledge and texture）… 101
直接影響行列（direct affective matrix） …… 57
ティアリング（tearing analysis） …………… 61
デザインコンセプト（design concept） …… 70
デザインフォロー（design follow） ………… 71
デザイン科学（design science） ……………… 8
　——の枠組み
　（framework for design science） ………… 9
デザイン解（design solution） ……………… 14
デザイン開発（design development） ……… 70
デザイン学（science of design） …………… 8
デザイン行為（designing） …………………… 9
デザイン思考（design thinking） …………… 15
デザイン実務（design practice） …………… 10
デザイン知識（design knowledge） ………… 9
デザイン変数（design variable） …………… 26
デザイン方法（design method） …………… 10
デザイン方法論（design methodology） …… 10
デザイン問題（design problem） …………… 14
デザイン要素（design element） …………… 25
デザイン理論（design theory） ……………… 10
デジタルサイネージ（digital signage） …… 120
手続き的知識（procedural knowledge） 36，161
展開表（deployment chart） ………………… 54
トップダウン（top-down） …………………… 24
トレーサビリティ（traceability） ………… 85

トレードオフ（trade-off）··············· 157，214

【な行】

二元表（relationship matrix）················· 54

【は行】

バウハウス（Bauhaus）····························· 3
発想（generation）····················· 11，19，33
パーティショニング（partitioning analysis）··· 61
パレート最適解（pareto optimal solution）··· 157
場（circumstance）································· 35
ヒューリスティックアルゴリズム
　（heuristic algorithm）··························· 63
評価（evaluation）····················· 11，18，33
品質機能展開
　（quality function deployment；QFD）······ 54
品質表（quality matrix）························· 54
フィージビリティ・スタディ
　（feasibility study）····························· 148
不気味の谷（uncanny valley）················· 114
物理空間（physical space）······················ 35
ブール演算（Boolean operation）··············· 58
ブレーンストーミング法（brain storming）··· 47
プロダクトデザイン（product design）······· 68

プロトタイプ（prototype）························· 121
分析（analysis）····················· 11，18，33
ペーパーモデル（paper model）··············· 192
ペルソナ（persona）····························· 121
ボトムアップ（bottom-up）····················· 23

【ま行】

目的関数（objective function）··················· 26
目標特性（objective characteristic）·········· 26
モジュール（module）····························· 98
モジュール化（modularization）··············· 98
モジュラーデザイン（modular design）··· 62，213
モンテカルロ法（Monte Carlo method）······ 125

【や行】

唯一解（unique solution）························· 28
ユーザーエクスペリエンスデザイン
　（UX design）································· 36

【ら行】

ライフサイクル（life cycle）····················· 82
ラフスケッチ（rough sketch）················· 190
連関図法（relation diagram）····················· 50

著者紹介

【監修者】

松岡由幸（まつおか・よしゆき）

慶應義塾大学教授，デザイン塾主宰。博士（工学）。
日本デザイン学会会長，日本設計工学会副会長，日本工学会フェロー，日本機械学会フェロー，基礎デザイン学会監事。CG ATRS 協会，日本インダストリアルデザイナー協会，ASME，IEEE，Design Society など。
専門：デザイン科学，設計工学，製品開発システム論。
著書：『デザインサイエンス』（丸善），『モノづくり×モノづかいのデザインサイエンス』（近代科学社），『タイムアクシス・デザインの時代』（丸善出版），『M メソッド』（近代科学社），『もうひとつのデザイン』（共立出版）など。

【編　者】

加藤健郎（かとう・たけお）

慶應義塾大学専任講師。博士（工学）。
日本デザイン学会理事，日本設計工学会理事。
専門：ロバストデザイン，デザインマネジメント，感性デザインなど。
著書：『ロバストデザイン』，『創発デザインの概念』（共立出版），『M メソッド』（近代科学社）など。

佐藤弘喜（さとう・ひろき）

千葉工業大学創造工学部デザイン科学科教授。博士（デザイン学）。
日本デザイン学会理事，グッドデザイン審査委員など。
専門：プロダクトデザイン，デザインに対する感性評価研究。
著書：『プロダクトデザイン』，『プロダクトデザインの基礎』（ワークスコーポレーション）など。

佐藤浩一郎（さとう・こういちろう）

千葉大学大学院准教授。博士（工学）。
日本デザイン学会理事。
専門：ジェネレーティブデザイン，創発デザイン，デザイン理論・方法論，デザイン科学など。
著書：『創発デザインの概念』（共立出版），『M メソッド』（近代科学社）。

【執筆者】

髙野修治（たかの・しゅうじ）

湘南工科大学工学部総合デザイン学科教授。専門：ビークルデザイン，プロダクトデザイン。日本デザイン学会理事を歴任，現正会員。著書：『Mメソッド』（近代科学社）。企業在籍時代に，Red Rod Design Award, Good Design Award など国内外のデザイン賞を受賞。

堀内茂浩（ほりうち・しげひろ）

Lenovo Japan 株式会社 R&D LCD Subsystems Mechanical Design Team Leader。日本デザイン学会会員。ThinkPad の液晶部と周辺デザイン，次世代 ID デバイスの研究・開発，Lean Six Sigma，知的財産活動推進に従事。

西村秀和（にしむら・ひでかず）

慶應義塾大学教授。工学博士。専門：モデルベースシステムズエンジニアリング，システム安全，自動運転システムなど。著書：『モデルに基づくシステムズエンジニアリング』（日経BP），『デザイン・ストラクチャー・マトリクス DSM』（監訳，慶應義塾大学出版会）など。

大槻　繁（おおつき・しげる）

株式会社一（いち）代表取締役社長。専門：ソフトウェアエンジニアリング，ソフトウェア経済学など。アジャイルプロセス協議会フェロー，実践的ソフトウェア教育コンソーシアム理事。著書：『ソフトウェア開発はなぜ難しいのか』（技術評論社），『ずっと受けたかったソフトウェア設計の授業』（翔泳社）など。

森田寿郎（もりた・としお）

慶應義塾大学理工学部機械工学科准教授。博士（工学）。専門：インテグレーション工学，ヒューマノイド・ロボティクス，機構学など。著書：『基礎から学ぶ機構学』（オーム社）。

223

小木哲朗（おぎ・てつろう）
慶應義塾大学大学院システムデザイン・マネジメント研究科教授。博士（工学）。システム工学，ヒューマンインタフェース，VR などの研究に従事。著書：『シミュレーションの思想』（東京大学出版会），『バーチャルリアリティ学』（コロナ社）など。

平尾章成（ひらお・あきなり）
日産自動車株式会社カスタマーパフォーマンス＆実験技術部主担。博士（工学）。認定人間工学専門家，JSAE プロフェッショナルエンジニア（人間工学）。専門：人間工学，感性工学，生体力学，ヒューマンモデリング，シート，HMI など。著書：『自動車技術ハンドブック 3 人間工学編』（自動車技術会）。

石上玄也（いしがみ・げんや）
慶應義塾大学理工学部機械工学科准教授，宇宙航空研究開発機構宇宙科学研究所客員准教授，同宇宙理工学委員会国際宇宙探査専門委員。専門：フィールドロボティクス，宇宙探査工学，テラメカニクス，自律移動制御。著書：『Springer Handbook of Robotics（2nd ed.）』，『The International Handbook of Space Technology』（Springer Praxis Books）など。

増田　耕（ますだ・こう）
日本発条株式会社常務執行役員。NHK インターナショナル株式会社取締役社長。慶應義塾大学理工学部機械工学科非常勤講師。専門：自動車部品製造業。2016 年超モノづくり部品大賞で「モノづくり日本会議共同議長賞」を受賞。2016 年日本設計工学会「武藤栄次優秀設計賞」を受賞。

佐々木良隆（ささき・よしたか）
日本発条株式会社シート生産本部開発部長。慶應義塾大学理工学部機械工学科非常勤講師。専門：自動車部品製造業。2016 年超モノづくり部品大賞で「モノづくり日本会議共同議長賞」を受賞。2016 年日本設計工学会「武藤栄次優秀設計賞」を受賞。

林　章弘（はやし・あきひろ）
日本発条株式会社シート生産本部開発部主査。慶應義塾大学理工学部機械工学科非常勤講師。専門：自動車部品製造業。2016 年超モノづくり部品大賞で「モノづくり日本会議共同議長賞」を受賞。2016 年日本設計工学会「武藤栄次優秀設計賞」を受賞。

浅沼　尚（あさぬま・たかし）

Tigerspike 株式会社 UX Lead。金融や小売分野の UX デザインコンサルティングを担当。専門：Design Strategy, Experience Design, Industrial Design。IF Design Award, Reddot Design Award, Good Design Award など国内外のデザイン賞を受賞。

松岡　慧（まつおか・けい）

慶應義塾大学大学院システムデザイン・マネジメント研究所研究員。専門：システムデザイン，メディアデザイン。著書：『プラスチックの逆襲』（丸善プラネット）。Asia Network Beyond Design 2012 にて「E-Mail System "Kizuka Visualizer"」展示。

伊豆裕一（いず・ゆういち）

静岡文化芸術大学デザイン学部教授。専門：デザインマネジメント，デザイン思考，デザイナーとしての実務経験を生かしたデザインの創造性における表示技法研究。著書：『M メソッド』（近代科学社）。

松野史幸（まつの・ふみゆき）

株式会社コーヤシステムデザイン代表取締役。慶応義塾大学理工学部非常勤講師。専門：リハビリテーション工学。横浜市総合リハビリテーションセンター企画研究室主事，株式会社オーエックスエンジニアリング研究開発室室長を歴任。

三輪俊晴（みわ・としはる）

日立製作所研究開発グループ日立研究所企画室企画室長。博士（工学）。日本機械学会会員，精密工学会会員。モノづくり分野の生産・品質管理システムや生産性設計（DfM）に関する研究・開発や企業の研究開発における MOT に従事。

星野洋二（ほしの・ようじ）

日産自動車株式会社 R&D マネージメント本部製品設計技術革新部エキスパートリーダー。製品設計における品質造り込み活動に従事。専門：品質信頼性技術，シャシー設計技術，デザインレビューを軸とした未然防止手法。

デザイン科学概論
多空間デザインモデルの理論と実践

2018 年 3 月 30 日　初版第 1 刷発行
2019 年 2 月 27 日　初版第 2 刷発行

監修者―――――松岡由幸
編　者―――――加藤健郎・佐藤弘喜・佐藤浩一郎
発行者―――――依田俊之
発行所―――――慶應義塾大学出版会株式会社
　　　　　　　　〒 108-8346　東京都港区三田 2-19-30
　　　　　　　　TEL〔編集部〕03-3451-0931
　　　　　　　　　　〔営業部〕03-3451-3584〈ご注文〉
　　　　　　　　　　〔　〃　〕03-3451-6926
　　　　　　　　FAX〔営業部〕03-3451-3122
　　　　　　　　振替　00190-8-155497
　　　　　　　　http://www.keio-up.co.jp/
装　丁―――――川崎デザイン
組　版―――――新日本印刷株式会社
印刷・製本――中央精版印刷株式会社
カバー印刷――株式会社太平印刷社

ⓒ 2018　Yoshiyuki Matsuoka
Printed in Japan　ISBN 978-4-7664-2502-4